ライブラリ 新物理学基礎テキスト S1

ベーシック
物理学

大川 正典・高橋 徹 共著

サイエンス社

●編者のことば●

本ライブラリは理学・工学系学部生向けの教科書である．現代は情報化社会と言われている．AI, Big Data, IoT 等ありとあらゆるところにコンピュータが浸透しており，スマートフォンを開けば，ほとんどすべての情報が瞬時に手に入る．しかしこれらの情報の根源には，物理学や数学など既存の学問が基礎として存在していることを忘れてはならない．理工系の学生にとっては，基礎としての物理学を確実に自分のものにすることが，情報化社会でスキルを身につける第一歩である．特に，論理的な考え方に慣れ親しむことは，物理学が将来の自分の仕事に直接関係しなくても，大きなアドバンテージになるはずである．

このように基礎レベルでの物理学を必要とする学生は増えているが，物理学をしっかり身につけるのは容易なことではない．もう一つ忘れてならないのが，高校の教育現場でのディジタル化である．教師用の教材には多くの動画やアニメーションが用意されており，生徒は画面に映し出された動画等を見ながら物理現象を視覚的に理解する．高校でのディジタル化に慣れた学生は，大学での物理学に大きな違和感を持つであろう．大学の授業においても，動画やアニメーションによる視覚化には，一定の効果はある．しかし，物理学は最終的には微分積分等の数式を用いて表現されるのである．教科書に向き合った地道な学習抜きには，物理学の習得は期待できない．

古今東西，名著と呼ばれる教科書が多数存在するなか，敢えて本ライブラリを刊行した理由はここにある．視覚的な理解に慣れた学生が第一歩からつまずかないように，具体例から説明をはじめ，図を多用することを各著者にお願いした．また，教科書を読むだけでは把握の難しい概念や式の意味については，本文の要所に例題と解答を配置し，各章の章末に精選された演習問題を置いて，理解の助けとなるようにした．高校で物理を学んだ読者を想定しているが，第1巻の『ベーシック 物理学』のみは，高校で物理を習っていない学生を対象にした．幅広い層の学生に対し，本ライブラリが情報化社会のなかで，基礎としての物理学を習得する助けになればと考える．

2021 年 4 月　　　　編者　大川正典　稲垣知宏

●ま え が き●

本書は，大学で初めて物理を習う（つまり高校で物理を習っていない）学部1, 2年生のための入門書である．大学で物理を初めて習う理由は色々と考えられる．理科の教員免許を取得するために必要となる学生や，化学や生命科学を専攻とするために必要となる学生もいるであろう．これら多様なニーズに対応するために，本書では

- 可能な限り，具体例から話を始める
- 図を多用して，直観的に理解しやすいようにする
- 例題と解答を取り入れながら，説明する

ことに気をつけながら，書き進めていった．もう一つ重要なのは

- 基本的な事項に重点を置く

ことである．発展的な内容は小文字で書くことにし，特に重要なものはステップアップとしたが，この部分を読まなくても他の部分は理解はできるようにしたつもりである．さらに進んで学びたい読者のために，巻末に参考文献をいくつか挙げた．各章の章末には演習問題を用意した．内容は，この本の内容としては発展的なものになっている．詳しい解答を，サイエンス社のwebページ（https://www.saiensu.co.jp）に掲載したので，興味ある読者は見ていただきたい．

物理学に関連する最近の大きな出来事は，2019年の新しい国際単位系の施行である．本書ではこの単位系を用いて記述するとともに，新しく定義値となった物理定数は桁数の多い数値もあえてすべて書き下し，新単位系を明確に示すようにした．また新単位系の概要を付録Aにまとめている．

第1章の力学と第2章の熱力学および付録Bは主に大川が執筆し，第3章の電磁気学と第4章の量子論および付録A, Cは主に高橋が執筆した．各章の特徴は以下のようになっている．

第1章の力学は，物理学を習う学生が必ず通らなければならない単元である．ここでつまずいては仕方がないので，高校からの橋渡しを考え，この単元では高校の教科書に沿った記述を心掛けた．高校の物理と大学の物理の決定的な違

いは，微分積分の取り扱いにある．力学の基礎になるニュートンの運動方程式は微分で書かれており，ニュートンは自身の運動方程式を解くために微分積分を発明した．この意味で，力学を微分積分を使わずに正確に解説するのは不可能である．ただし，大学で力学を学ぶ学生の多くは，物理の授業に微分積分が現れることに戸惑いを感じている．一方，高校の物理では微分積分を使わないような配慮がされている．これらのことを考慮して，本文では必要最小限の微分積分のみを用いた．ただし，それではいくつかの重要な概念は説明できないので，それらは小文字で微分積分を使って解説をした．

第2章の熱力学は，非常に多くの分子からできている物質を記述する方法を与えている．個々の分子の運動が分からなくても，物質の性質が説明できる理由は統計力学で明らかにされるが，統計力学は本書の範囲を超えているので他の参考書を見てもらいたい．高校では，エネルギー保存則に対応する熱力学第1法則は学習するが，熱力学第2法則はほとんど現れない．エントロピーの概念がエネルギーに比べて分かりにくいのが理由だと思うが，大学の教科書で触れないわけにはいかない．理想気体に対象をしぼり，厳密な証明は演習問題にまわし，論理の流れが大まかにつかめるような記述をした．

第3章の電磁気学の特徴の一つは，広範囲に渡る自然現象を基本方程式としてまとめたことにある．そのため，電磁気学の記述は数学的，抽象的になる傾向がある．本書では，数学的な記述についてできるだけ言葉でその意味を解説するようにした．言葉による説明は厳密という意味では完全さに欠けるが，読者が理解しやすいことを優先した．多くはないが数学的な記述の背景にある物理についても述べている．向学心の高い読者の興味をそそることができればよいと考えている．電磁気学のもう一つの特徴は抽象的な記述と日常で経験する現象の距離の近さにある．日常で経験したり使ったりすることに関する記述を適宜挿入している．抽象的記述と現実の世界の関わりを実感してもらえれば幸いである．

第4章の量子論については，その詳細は一般的な教科書にゆずり，本書ではその意味について定性的に説明することに重点を置いた．量子論はそれ自体が現在でも研究され続けている分野であり，つぎつぎと新たなトピックが話題となっている．そのことを踏まえて，量子論が最初に確立した20世紀初頭の議論から現在も研究が続いている話題について，現代的な視点を交えて触れている．

なお，筆者の一人（高橋）は広島大学大学院先進理工系科学研究科の飯沼昌隆氏，松山健吾氏に第3章，第4章を中心に多くの貴重なコメントをいただいた．感謝申し上げる．

2021年4月

大川正典　高橋　徹

目　　次

第3章 電 磁 気 学 91

第1章
力　　学

我々は経験的に，物体を動かすには物体に力を加えなければならないことを知っている．さらに，物体を速く動かすには大きな力が必要であり，また重い物体を動かすにも大きな力が必要になることも知っている．これらの経験則は，ニュートンの運動の法則として知られているいくつかの法則から，導き出すことができる．本章では，日常的な現象を取り上げながら，運動の法則を解説する．物質の運動を考えるとき，物体の大きさを考慮するかどうかで，取り扱い方が違ってくる．初めに，物体の大きさが無視できる場合を考え，物体の大きさを含めた説明は最後の節で行うことにする．

1.1 速度と加速度

我々は生活の中で，“この自動車は速く走る”，“この自動車は加速が良い”などというように，速さに関する会話をする．ここでは，日常に見られるこれらの現象を通して，速度と加速度について説明をする．

1.1.1 速　　度

直線道路を自動車が走っているとする．自動車には速度計が付いており，自動車の速さが計れるが，ここで計る速さとは何かについて考えてみる．一般的に物体が単位時間あたりに動く距離を物体の**速さ**という．速さの値は時間と距離を計る単位に依存し，自動車に付いている速度計は1時間（h）で何キロメートル（km）走れるかを示している．このときの速さの単位はキロメートル毎時（km/h）となる．これに対し，1秒（s）で何メートル（m）走れるかを示す単位はメートル毎時（m/s）である．

例題 1.1

時速 36 km/h で走る自動車は毎秒何 m 走るか.

【解答】 1 時間は 3600 秒，1 キロメートルは 1000 メートルなので,

$$36 \times \frac{1000}{3600} = 10 \tag{1.1}$$

自動車の速さは 10 m/s であり，毎秒 10 m 進む. □

物体が時間 Δt の間に Δx の距離を移動したとする．物体の速さ V が一定であれば

$$V = \frac{\Delta x}{\Delta t} \tag{1.2}$$

と表される．しかし自動車は常に同じ速さで進むわけではない．例えば，停止している自動車が時刻 0 秒に動き始め，t 秒後に距離 $x = \frac{1}{2}at^2$ [m] まで進んだとする．a は物体の**加速度**と呼ばれる量で $\mathrm{m/s^2}$ の単位を持つ．加速度については次の項で詳しく説明するとし，例として図 1.1 に x を t の関数として $a = 1\ \mathrm{m/s^2}$ のときに示した.

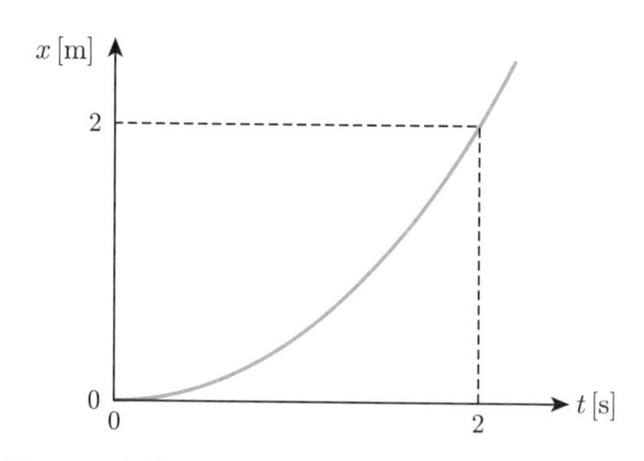

図 1.1　時刻 t までに自動車が動いた距離 $x = \frac{1}{2}t^2$

さて時刻 t での速さを考えてみよう．時刻 t までに自動車が動いた距離は $x = \frac{1}{2}at^2$，そして Δt 経過した後の時刻 $t + \Delta t$ までに動いた距離は $x + \Delta x = \frac{1}{2}a(t + \Delta t)^2$ なので，$\frac{\Delta x}{\Delta t}$ は

$$\frac{\Delta x}{\Delta t} = \frac{x + \Delta x - x}{\Delta t} = \frac{\frac{1}{2}a(t + \Delta t)^2 - \frac{1}{2}at^2}{\Delta t}$$

$$= at + \frac{1}{2}a\Delta t \tag{1.3}$$

となる．物体の速さが一定のときと違い，$\frac{\Delta x}{\Delta t}$ は Δt の値に依存してしまう．ただし，Δt を十分小さくとれば，at との差は無視できる．実際，$\frac{\Delta x}{\Delta t}$ の Δt 依存性を $t = 1$ 秒, $a = 1\ \mathrm{m/s^2}$ のときに図 1.2 に示した．自動車の速度計で計られている速さは，短い経過時間 Δt の間に自動車が動いた距離 Δx から計算した $\frac{\Delta x}{\Delta t}$ であり，近似的に at を求めている．

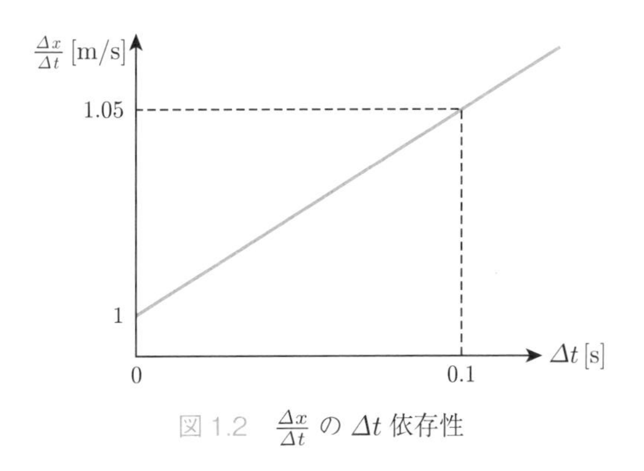

図 1.2 $\frac{\Delta x}{\Delta t}$ の Δt 依存性

さて，直線道路は東西に伸びているとする．速さを与えただけでは，自動車が西から東に進んでいるのか，東から西に進んでいるのかは分からない．この問題を解決するために，速さに ± の符号を付けた量を**速度** v と定義する．自動車が西から東に進んでいるときには v は正の値を持ち，西から東に進んでいるときには，v は負の値を持つ．速度が負のときは，$|v|$ が自動車の速さになる．

直線道路に基準になる点 O をとり，そこでの位置を $x = 0$ とする．自動車が基準点より東にあれば，位置 x は正の値をとり，西にあれば x の値は負になる．$x = \frac{1}{2}at^2$ のときも，a が負ならば x は負の値を持つ．一般に，自動車の位置 x が t の関数として $x = x(t)$ で与えられたとする．このとき，Δx を $\Delta x = x(t + \Delta t) - x(t)$ で定義する．Δx は正の値も負の値もとる．$\frac{\Delta x}{\Delta t}$ は Δt に依存するが，Δt を 0 に持っていった極限は Δt によらない．この極限値を $\frac{dx}{dt}$ と呼ぶ．数式でこれを表現すると

$$\lim_{\Delta t \to 0} \frac{\Delta x}{\Delta t} = \frac{dx}{dt} \tag{1.4}$$

となる．$\frac{dx}{dt}$ を時刻 t での**速度** $v(t)$ と呼ぶ．つまり次のようになる．

$$v(t) = \frac{d}{dt}x(t) \tag{1.5}$$

数学的な表現をすれば，速度 $v(t)$ は $x(t)$ を t で微分した量である．自動車が西から東に進むときは $v(t) > 0$ であり，東から西に進むときは $v(t) < 0$ である．

位置 $x(t)$ が時刻 t の関数として，図 1.3 のように与えられていたとする．このような図を $(x\text{-}t)$ 図と呼ぶ．点 P の座標を (t, x)，点 Q の座標を $(t + \Delta t, x + \Delta x)$ とすると，$\frac{\Delta x}{\Delta t}$ は P と Q を結ぶ点線の傾きになっている．ここで Δt を 0 に持ってゆく極限をとると，点線は点 P での曲線の接線に近づき，接線の傾きは $\frac{dx}{dt}$ で与えられる．特に，速度が一定の**等速度運動**（$x(t) = x_0 + v_0 t$）では，$(x\text{-}t)$ 図は直線になり，直線の傾きは v_0 で与えられる．ここで x_0, v_0 はそれぞれ時刻 $t = 0$ での，位置と速度（これを**初速度**という）である．

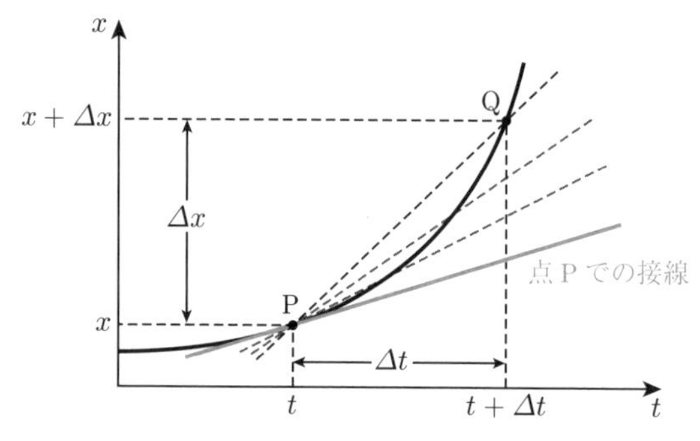

図 1.3　時刻 t と位置 x の関係を表す $(x\text{-}t)$ 図．
点 P での接線の傾きが時刻 t での速度となる．

例題 1.2

自動車の位置が $x(t) = x_0 + v_0 t + \frac{1}{2}at^2$ で与えられるときの，速度 $v(t)$ を求めよ．ただし，x_0, v_0, a は時間によらない定数とする．

【解答】 時刻 $t + \Delta t$ での位置は

$$x(t + \Delta t) = x(t) + \Delta x = x_0 + v_0(t + \Delta t) + \frac{1}{2}a(t + \Delta t)^2 \tag{1.6}$$

なので，$\frac{\Delta x}{\Delta t}$ は

$$\frac{\Delta x}{\Delta t} = \frac{(v_0 + at)\Delta t + \frac{1}{2}a(\Delta t)^2}{\Delta t} = v_0 + at + \frac{1}{2}a\Delta t \tag{1.7}$$

となる．したがって $\Delta t \to 0$ の極限をとると，$v(t)$ は次の式で与えられる．

$$v(t) = v_0 + at \tag{1.8}$$ □

ステップアップ

例題 1.2 は位置を t で微分することによって直接解くこともできる．実際，定数の微分は 0 であり，また任意の自然数 n に対して $\frac{d}{dt}t^n = nt^{n-1}$ なので次のようになる．

$$v = \frac{d}{dt}\left(x_0 + v_0 t + \frac{1}{2}at^2\right) = v_0\frac{d}{dt}t + \frac{1}{2}a\frac{d}{dt}t^2 = v_0 + at \tag{1.9}$$

1.1.2 加 速 度

次に自動車の加速度について考える．自動車は常に同じ速度で動くわけではなく，時間とともに加速したり減速したりする．そこで速度の変化を示す量として，単位時間あたりの速度の変化を**加速度**と呼ぶことにする．式で表すと，時刻 t での速度を $v(t)$，そして Δt 経過した後の時刻 $t + \Delta t$ での速度を $v(t + \Delta t) = v(t) + \Delta v$ とすると

$$\frac{\Delta v}{\Delta t} = \frac{v(t + \Delta t) - v(t)}{\Delta t} \tag{1.10}$$

が加速度の目安となる．具体的に，例題 1.2 で取り上げた速度 (1.8) を，(1.10) に代入すると

$$\frac{\Delta v}{\Delta t} = \frac{(v_0 + at + a\Delta t) - (v_0 + at)}{\Delta t} = a \tag{1.11}$$

となり，$\frac{\Delta v}{\Delta t}$ は t にも Δt にもよらない定数になる．ただし一般的には $v(t)$ を t の関数とすると，$\frac{\Delta v}{\Delta t}$ は t や Δt に依存する．そこで速度を定義したように，Δt を 0 に持ってゆく極限をとると

$$\lim_{\Delta t \to 0} \frac{\Delta v}{\Delta t} = \frac{dv}{dt} \tag{1.12}$$

となる．$\frac{dv}{dt}$ を時刻 t での**加速度** $a(t)$ という．つまり

$$a(t) = \frac{d}{dt}v(t) \tag{1.13}$$

であり，数学的な表現をすれば，加速度 a は v を t で微分した量である．例題1.2で取り上げた運動では加速度は時間によらない定数 a であった．このような運動を**等加速度運動**という．v は x を t で微分した量なので

$$a(t) = \frac{d}{dt}v(t) = \frac{d}{dt}\frac{d}{dt}x(t) = \frac{d^2}{dt^2}x(t) \tag{1.14}$$

となる，つまり，加速度 a は x を t で2回微分した量になっている．

速度 $v(t)$ が時刻 t の関数として，図1.4のように与えられていたとする．このような図を $(v\text{-}t)$ 図と呼ぶ．点Pの座標を (t, v)，点Qの座標を $(t + \Delta t, v + \Delta v)$ とすると，$\frac{\Delta v}{\Delta t}$ はPとQを結ぶ点線の傾きになっている．ここで Δt を0に持ってゆく極限をとると，点線は点Pでの曲線の接線に近づき，接線の傾きが $\frac{dv}{dt}$ で与えられる．特に，加速度が一定の等加速度運動（$v(t) = v_0 + at$）では，$(v\text{-}t)$ 図は直線になり，直線の傾きが加速度 a になる．

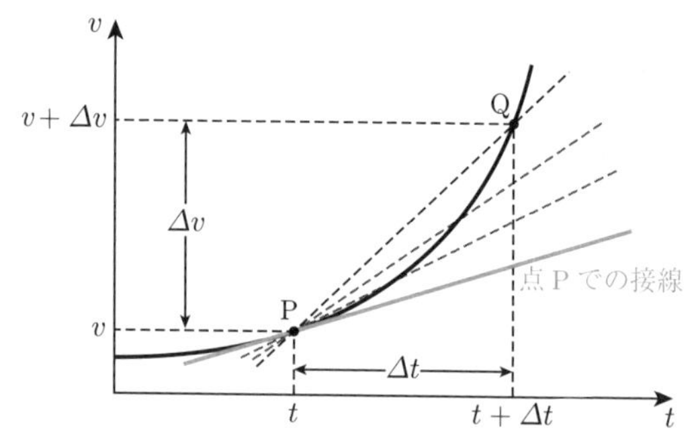

図1.4　時刻 t と速度 v の関係を表す $(v\text{-}t)$ 図．
点Pでの接線の傾きが時刻 t での加速度となる．

ここまでは，物体の変位 $x - x_0$ が与えられているときに，速度 $v(t)$ を求める方法を考えてきたが，逆に速度 $v(t)$ が与えられているときに，変位 $x - x_0$ を求めることもできる．最も簡単なのは等速度運動のときで，速度を v_0 とすると $(v\text{-}t)$ 図は図1.5 (a) になる．$x - x_0 = v_0 t$ であるが，$v_0 t$ は図1.5 (a) の水

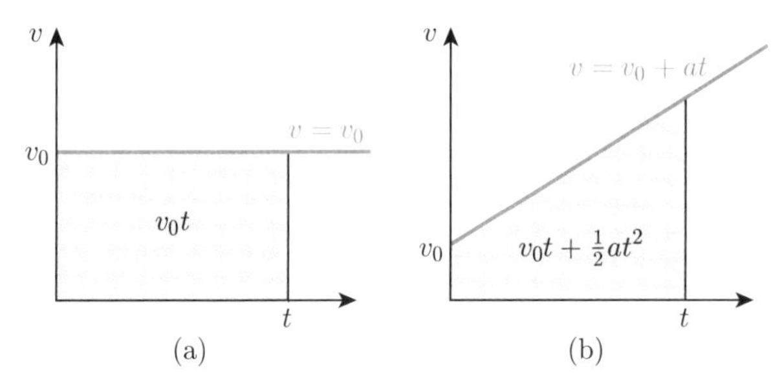

図 1.5 (v-t) 図の面積と変位. (a) 等速度運動 (b) 等加速度運動

色の面積に等しい. 等加速度運動のときも, 速度を $v(t) = v_0 + at$ とすると, (v-t) 図は図 1.5 (b) で与えられる. $x - x_0 = v_0 t + \frac{1}{2}at^2$ であるが, $v_0 t + \frac{1}{2}at^2$ もやはり図 1.5 (b) の水色の面積に等しい.

ステップアップ **変位と定積分の関係**

数学的にいえば, これらの面積は関数 $v(t)$ の定積分と関係している. 実際, 任意の 0 以上の整数 n に対して, $\int t^n \, dt = \frac{1}{n+1} t^{n+1}$ なので, 等速度運動 $v(t) = v_0$ では

$$x - x_0 = \int_0^t v \, dt = \int_0^t v_0 \, dt = v_0 t \tag{1.15}$$

であり, 等加速度運動 $v(t) = v_0 + at$ では

$$x - x_0 = \int_0^t v \, dt = \int_0^t (v_0 + at) \, dt = v_0 t + \frac{1}{2}at^2 \tag{1.16}$$

となる.

一般に変位と定積分との関係を求めるには次のようにすればよい. $v = \frac{dx}{dt}$ の両辺に dt をかけると

$$dx = v \, dt \tag{1.17}$$

となる. $t = 0$ のとき $x = x_0$ であることに注意して, 両辺を積分すると

$$\int_{x_0}^{x} dx = x - x_0 = \int_0^t v \, dt \tag{1.18}$$

となるので, 変位 $x - x_0$ は速度を t で積分して求まる. x_0 を右辺に移項すれば

$$x = x_0 + \int_0^t v \, dt \tag{1.19}$$

となる. v が正の値を持つとき, 積分 $\int_0^t v \, dt$ は (v-t) 図の面積に等しい. v が負のと

きは，積分 $\int_0^t v\,dt$ の絶対値が $(v\text{-}t)$ 図の面積に等しくなる．微分・積分は，大学で物理を習うための必須の道具なので，しっかり勉強しておいてほしい．

例題 1.3

物体が時刻 $t = 0$ 秒で原点 $x_0 = 0$ m から動き出した．物体の速度が図 1.6 の $(v\text{-}t)$ 図で与えられるとき

(1) 物体が正の方向に原点から最も遠ざかる時刻と位置を求めよ．

(2) 物体が原点に戻ってくるときの時刻と速度を求めよ．

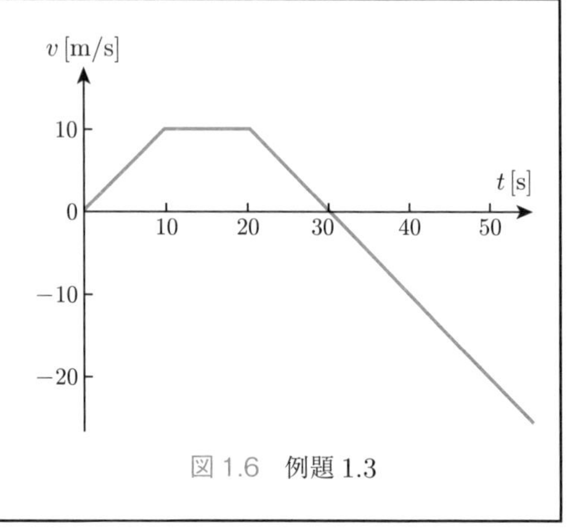

図 1.6 例題 1.3

【解答】 (1) 時刻 0 秒から物体は正の方向に動き出す．物体が最も遠ざかるのは速度が 0 m/s になるときなので，時刻は 30 秒であり，そのときの位置は 0 秒から 30 秒までの $(v\text{-}t)$ 図の面積 200 m となる．

(2) 物体が負の速度を持つときは変位も負であり，$(v\text{-}t)$ 図の面積はその大きさを表す．時刻 30 秒以降の変位が -200 m になれば，物体は原点に戻ってくるので，50 秒で物体は原点に戻る．そのときの速度は -20 m/s である． □

1.1.3 自由落下運動

等加速度運動の最も重要な例は，物体が**重力**を受けて高いところから低いところへ落下する運動である．この運動は**自由落下運動**と呼ばれる．日常生活で我々は，重いものは速く地面に落ち，軽いものはゆっくり落ちると感じている．これは，物体が重力とともに空気抵抗を受けるからである．もし空気抵抗が無視できたら，落下速度は物体の重さに関係するだろうか．この問いに答えたのが，ガリレオ ガリレイであり，物体は質量によらず一定の加速度で落下する．この加速度のことを**重力加速度**と呼び g で表す．地面近くでの重力加速度の大きさはおおよそ $g = 9.8\ \mathrm{m/s^2}$ である．

例題 1.4

地面からの高さ x_0 のところから，物体を垂直上向きに初速度 v_0 で投げ上げた．投げ上げた時刻を $t=0$ として

(1) 物体が最も高くなる時刻と高さを求めよ．

(2) 物体が地上に衝突するときの時刻と衝突直前の速度を求めよ．

【解答】 地面を $x=0$，位置の正の方向を鉛直上向きにとると，時刻 $t=0$ での位置は $x=x_0$，初速度は $v=v_0$ となる．重力は鉛直下向きにはたらいているので加速度は $a=-g$ である．したがって，任意の時刻 t での位置は $x(t)=x_0+v_0t-\frac{1}{2}gt^2$，速度は $v(t)=v_0-gt$ で与えられる．

(1) 物体が最も高くなるのは $v(t)=0$ のときなので，時刻は $t=\frac{v_0}{g}$，高さは $x\left(\frac{v_0}{g}\right)=x_0+\frac{1}{2}\frac{v_0^2}{g}$ である．

(2) 物体の位置が $x=0$ のときの時刻を求めるには，$x(t)=0$ の解

$$t=\frac{v_0\pm\sqrt{v_0^2+2gx_0}}{g} \tag{1.20}$$

の中で t が正のものを選べばよいので，$t=\frac{v_0+\sqrt{v_0^2+2gx_0}}{g}$ となる．そのときの速度は，$v(t)=v_0-gt$ に (1.20) で求めた時刻を代入すればよいので

$$v=-\sqrt{v_0^2+2gx_0} \tag{1.21}$$

である． □

1.2 運動の法則

我々は感覚的に，軽いものは動かしやすく，重いものは動かしにくいことを知っている．逆に重いものは止めるのが難しく，軽いものは止めやすい．17 世紀末，これらのことを系統的に法則としてまとめたのがニュートンである．ここでは，ニュートンの運動の法則について説明をする．

1.2.1 ニュートンの運動の3法則

自動車が故障してしまい，運転手が自動車を押して動かすことを考える．自動車が止まっている状態で，ブレーキをはずし車輪が自由に動けるようにする．そののち自動車を手で押して動かすのだが，力が弱いとなかなか速くならない．逆に短い時間で動かそうとすると，かなりの力が必要である．ただし一度動き出してしまうと，その後はわりと簡単に動かし続けることができる．速く動かすのに必要な力は自動車の重さにも依存する．軽自動車は一人でも速く動かせるが，普通自動車を速く動かすには他の人の助けが必要になる．これらの現象は，次のように考えると理解できる．

自動車ははじめ止まっているので，動かすには加速度を与えないといけない．力を加えるのは，自動車にこの加速度を与えるためである．加速度の大きさは，加える力に比例し，強い力を加えると，大きな加速度で動き出す．ただし，同じ力を加えても重い自動車はなかなか速く動かない．つまり加速度の大きさは，自動車の質量に反比例する．これらのことを式でまとめると

$$a = k\frac{f}{m} \tag{1.22}$$

となる．ここで，a は自動車の加速度，f は自動車に加える力，m は自動車の質量，k は比例定数である．(1.22) で表される加速度と力，そして質量との関係を**運動の法則**という．比例定数 k を決めるには，力の単位を定める必要がある．通常は，質量 1 kg の物体に 1 m/s^2 の加速度を与えるのに必要な力の大きさを1ニュートンと定め，この力を 1 N と書く．この力の単位を用いると $k = 1$ となり

$$f = ma \tag{1.23}$$

a : 自動車の加速度 [m/s^2]

f : 自動車に加える力 [N]

m : 自動車の質量 [kg]

である．(1.23) は**ニュートンの運動方程式**と呼ばれる．(1.23) からすぐ分かるように，力を受けない物体は加速度を持たない．止まっているものはいつまでも止まっており，動いているものはその速度を保ちながら等速度運動をする．

この事実を特に，**慣性の法則**と呼ぶ．人が押して動き出した自動車が，力を加えなくても動き続けるのはこのためである．

ステップアップ **慣性の法則と慣性系**

慣性の法則が運動の法則と区別されるのには，次のような事情がある．加速している自動車の中にいる人が，地上に止まってる物体を観測すると，物体は自動車と反対方向の加速度を持っているよう見える．物体には力は加わっていないので，加速度を持っている観測者は慣性の法則が成り立たないと感じる．一方，地上に対して等速度運動をしている観測者は慣性の法則が成り立つと感じる．慣性の法則が成り立つ場所のことを**慣性系**という．厳密にはニュートンの運動方程式が成り立つのは慣性系だけなのだが，以下の節で説明するように，加速度を持つ系でも，慣性力を考えれば運動方程式が成り立つようにできる．

さてここまでは自動車のことを中心に考えてきたが，それでは自動車に力を与える運転手にはどのような力がかかるであろう．この問いに答えるのが，**作用反作用の法則**である．この法則によると，ある物体Aが他の物体Bに力fを加えると，物体Aは物体Bから大きさが同じで向きが反対の力$-f$を受ける．したがって，自動車を動かすとき，人は動かす向きと反対方向の力を自動車から受けている．これらの運動に関する法則は17世紀にニュートンによって発見されたものである．慣性の法則を運動の第1法則，運動の法則を運動の第2法則，作用反作用の法則を運動の第3法則と呼ぶ．これらの法則は，**ニュートンの運動の3法則**といわれている．

例題 1.5

質量mの物体が自由落下するときに受ける力の大きさを求めよ．

【解答】 鉛直下向きを位置の正の方向にとる．質量mの物体の加速度aは，質量によらず常に下向きにgなので運動方程式より

$$f = ma = mg \tag{1.24}$$

となる．つまり，物体は鉛直下向きに大きさmgの力を受ける．我々が日常使っている重力という言葉はこの力を表している．同様に重さという言葉も使うが，これは物質の質量mを表している． □

1.2.2　2次元平面での運動の表し方

これまでに考えたのは，直線の道路を走る自動車や，鉛直方向に自由落下する物体の運動である．これらの運動は，運動の方向は違うがいずれも一つの変数 x で位置が指定できた．このような問題を1次元の問題という．しかし，我々が住むのは3次元空間であり，例えば長方体の大きさを定めるには「幅」,「奥行」,「高さ」の3つの量を決める必要がある．同様に物体の3次元的な位置を定めるのにも，3つの量が必要になる．ただし，1次元以外の問題を考えるにはいくつかの準備が必要なので，それらをまず説明が簡単な2次元の問題でしておく．

図1.7に示したように，2次元平面上に原点Oを定め，そこから2つの直交する方向に x 軸と y 軸をとる．原点の座標を $(0,0)$ とし，そこから x 軸の正の方向へ x，また y 軸の正の方向へ y 離れた点をPとする．Pの位置を表すのに，Pの座標 (x,y) を用いてもよいが，原点Oを出発してPまでのびる矢印の大きさと向きで指定することもできる．この矢印を**位置ベクトル**と呼び，OP間の距離 $r=\sqrt{x^2+y^2}$ の太字 $\boldsymbol{r}$ で表す．Pの位置を示すのに，座標を用いても位置ベクトルを用いてもよいので

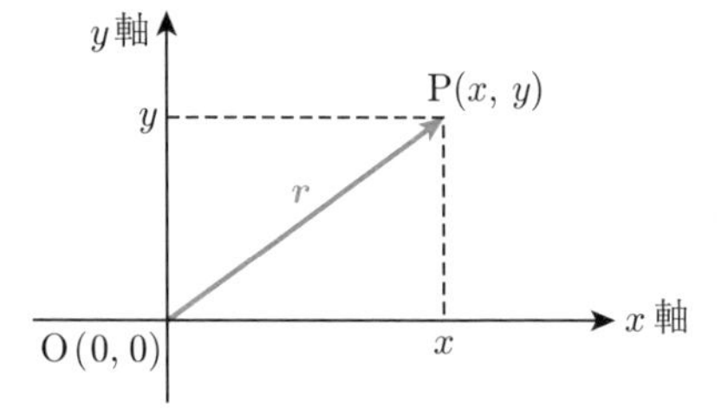

図1.7　2次元平面上の座標と位置ベクトル

$$\boldsymbol{r}=(x,y) \tag{1.25}$$

である．x は位置ベクトル $\boldsymbol{r}$ の x 成分，y は位置ベクトル $\boldsymbol{r}$ の y 成分と呼ばれる．

2次元平面を運動する物体は x 方向にも y 方向にも運動するので，速度も大きさと向きを持つ**ベクトル**である．x 方向の速度を v_x，y 方向の速度を v_y とすれば，**速度ベクトル** $\boldsymbol{v}$ は

$$\boldsymbol{v}=(v_x,v_y) \tag{1.26}$$

で与えられ，速度ベクトルの大きさは $v=\sqrt{v_x^2+v_y^2}$ となる．ただし，位置ベクトルと違い，速度ベクトルはベクトルがどこから出発したかを区別しない方

が便利である．一般に 2 つのベクトルは，大きさと向きが同じであれば等しいと考え，出発点の情報が必要なときは，その都度考慮することにする．なお，通常の成分を持たない数は，ベクトルと区別するときには**スカラー**と呼ばれる．

例題 1.6

図 1.8 のように，船が川を横切って進んでいる．水は川上から川下に速度 $\boldsymbol{v}_1$ で流れている．水の流れがないとき，船は対岸に向かって川と垂直に速度 $\boldsymbol{v}_2$ で進むことができる．水が流れているとき，岸から見た船の速度と速さを求めよ．

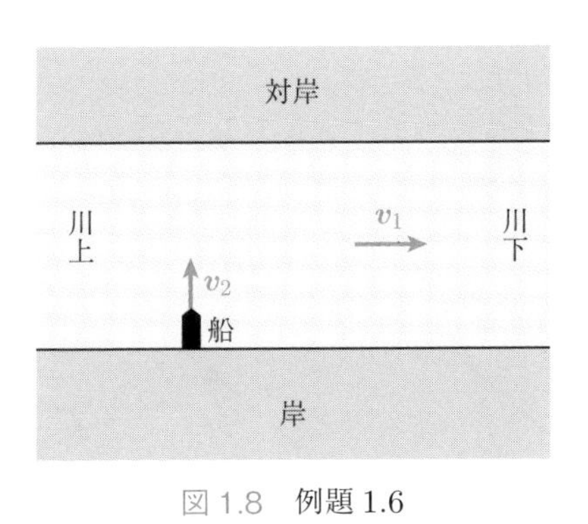

図 1.8 例題 1.6

【解答】 図 1.9 のように，川上から川下の方向に x 軸，岸から対岸の方向に y 軸をとる．船は水の流れにより x 方向に速さ v_1，また y 方向には自分自身の動力で速さ v_2 で進む．したがって，岸から見た船の速度は，(1.26) の 2 次元

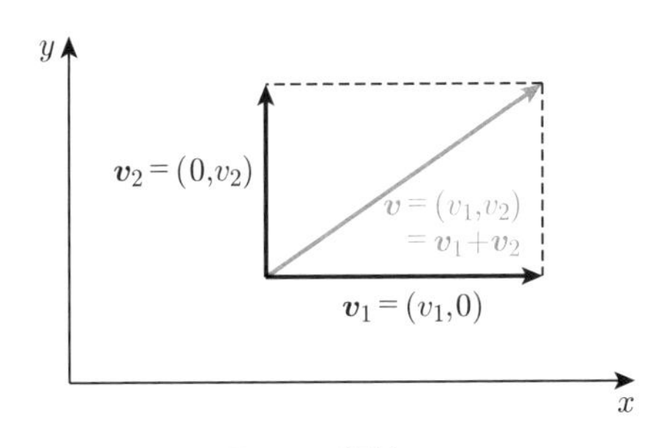

図 1.9 解答 1.6

速度ベクトルの書き方では

$$\boldsymbol{v} = (v_1, v_2) \tag{1.27}$$

となり，$\boldsymbol{v}$ の速さは $v = \sqrt{v_1^2 + v_2^2}$ となる． □

図 1.9 に示したように，$\boldsymbol{v}$ は2つのベクトルの和 $\boldsymbol{v} = \boldsymbol{v}_1 + \boldsymbol{v}_2$ としても表せる．一般に，2つのベクトル $\boldsymbol{a} = (a_x, a_y)$ と $\boldsymbol{b} = (b_x, b_y)$ の和 $\boldsymbol{a} + \boldsymbol{b}$ は，x 成分と y 成分をそれぞれ加えて

$$\boldsymbol{a} + \boldsymbol{b} = (a_x + b_x, a_y + b_y) \tag{1.28}$$

で定義される．一般のベクトルは出発点を問題にしないので，$\boldsymbol{a} + \boldsymbol{b}$ の表し方には図 1.10 の3種類がある．

同様に，2つのベクトル $\boldsymbol{a} = (a_x, a_y)$ と $\boldsymbol{b} = (b_x, b_y)$ の差 $\boldsymbol{a} - \boldsymbol{b}$ は，x 成分と y 成分をそれぞれ引いて

$$\boldsymbol{a} - \boldsymbol{b} = (a_x - b_x, a_y - b_y) \tag{1.29}$$

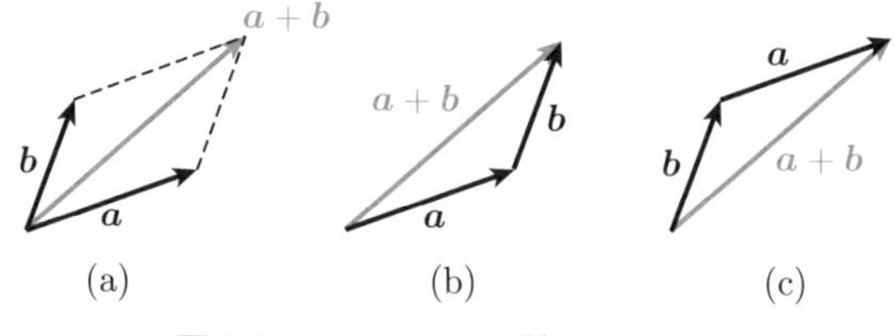

図 1.10 $\boldsymbol{a} + \boldsymbol{b}$ の3種類の表し方

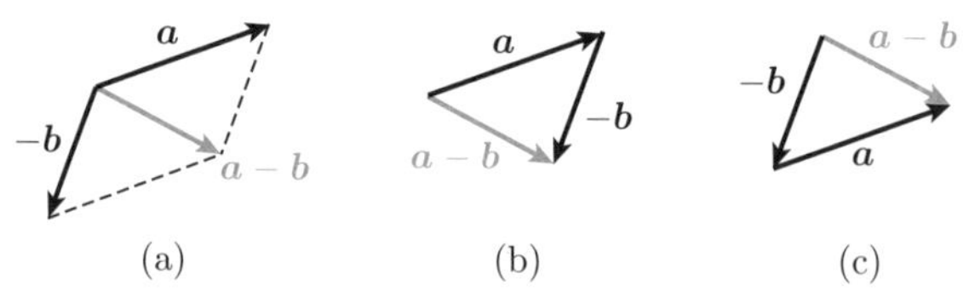

図 1.11 $\boldsymbol{a} - \boldsymbol{b} = \boldsymbol{a} + (-\boldsymbol{b})$ の3種類の表し方

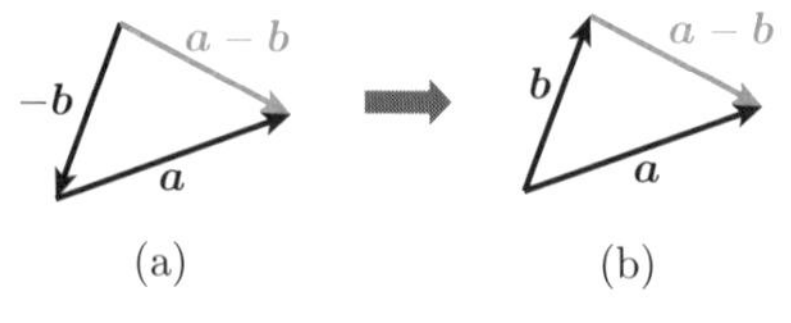

図 1.12 $\boldsymbol{a} - \boldsymbol{b}$ の表し方

で定義される．$-\boldsymbol{b}$ を $\boldsymbol{b}$ と同じ大きさを持ち，方向が逆のベクトルと定義する．$\boldsymbol{a}-\boldsymbol{b}$ は $\boldsymbol{a}+(-\boldsymbol{b})$ と書けるので，$\boldsymbol{a}$ と $-\boldsymbol{b}$ の和として $\boldsymbol{a}-\boldsymbol{b}$ は図 1.11 の 3 つの方法で表せる．ただし，いちいち $-\boldsymbol{b}$ ベクトルを考えるのは煩雑なので図 1.11 (c) を変形して，図 1.12 (b) のように，$\boldsymbol{a}, \boldsymbol{b}$ ベクトルから直接 $\boldsymbol{a}-\boldsymbol{b}$ を書く方が便利である．

位置ベクトル $\boldsymbol{r}$ が時刻 t の関数として $\boldsymbol{r}(t)=(x(t), y(t))$ と与えられたとする．速度ベクトルは位置ベクトルの各成分を時間微分すれば求まる．

$$\boldsymbol{v}(t)=(v_x(t), v_y(t))=\left(\frac{d}{dt}x(t), \frac{d}{dt}y(t)\right) \tag{1.30}$$

速度ベクトルはベクトルの成分を考えなくても，(1.4), (1.5) を位置ベクトルに拡張し

$$\boldsymbol{v}(t)=\frac{d}{dt}\boldsymbol{r}(t)=\lim_{\Delta t\to 0}\frac{\Delta \boldsymbol{r}}{\Delta t} \tag{1.31}$$

としても得られる．ここで $\Delta \boldsymbol{r}$ は，位置ベクトルの時刻 $t+\Delta t$ と t との差

$$\Delta \boldsymbol{r}=\boldsymbol{r}(t+\Delta t)-\boldsymbol{r}(t) \tag{1.32}$$

であり，図に表すと図 1.13 のようになる．

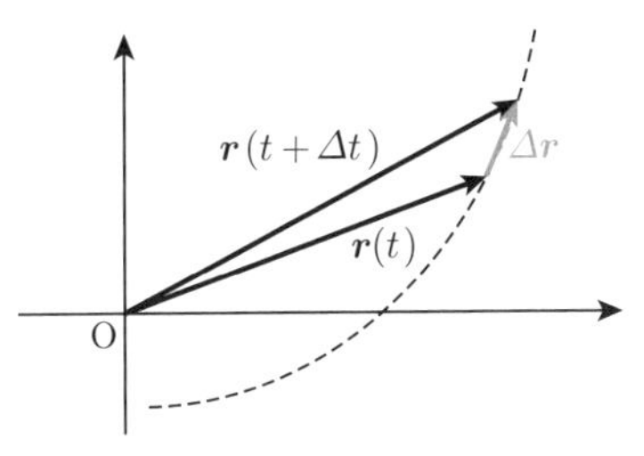

図 1.13　$\Delta \boldsymbol{r}=\boldsymbol{r}(t+\Delta t)-\boldsymbol{r}(t)$

同様に，加速度ベクトルは速度ベクトルの各成分を時間微分すれば求まる．

$$\boldsymbol{a}(t)=(a_x(t), a_y(t))=\left(\frac{d}{dt}v_x(t), \frac{d}{dt}v_y(t)\right) \tag{1.33}$$

加速度ベクトルもベクトルの成分を考えなくても

$$\boldsymbol{a}(t)=\frac{d}{dt}\boldsymbol{v}(t)=\lim_{\Delta t\to 0}\frac{\Delta \boldsymbol{v}}{\Delta t} \tag{1.34}$$

として得られる．ここで $\Delta \boldsymbol{v}$ は，速度ベクトルの時刻 $t+\Delta t$ と t との差

$$\Delta \boldsymbol{v} = \boldsymbol{v}(t+\Delta t) - \boldsymbol{v}(t) \tag{1.35}$$

である．

1.2.3 2次元平面での質点の運動方程式

2次元平面では，力も大きさと向きを持つベクトル $\boldsymbol{f} = (f_x, f_y)$ である．物体の大きさが無視できないときは，力が物体のどこに作用するかが重要になるが，ここではまず物体の大きさが無視できる場合を考える．このような物体は**質点**と呼ばれる．

2次元平面での質点の運動方程式は

$$\boldsymbol{f} = m\boldsymbol{a} \tag{1.36}$$

$\boldsymbol{a}$ ：質点の加速度ベクトル [m/s^2]

$\boldsymbol{f}$ ：質点に加える力ベクトル [N]

m ：質点の質量 [kg]

となる．具体的に方程式を解くには，ベクトルを2つの成分に分解するのが普通である．つまり

$$f_x = ma_x \tag{1.37}$$

$$f_y = ma_y \tag{1.38}$$

である．ただし，x 軸と y 軸の方向は問題ごとに都合よく選ぶ必要がある．

例題 1.7

地上から質点を速さ v_0 の初速度で，水平方向と角度 θ の向きに投げ出した．重力加速度を g としたとき

(1) 質点が最も高くなるときの時刻 t_1 と高さ h を求めよ．

(2) 質点が地上に衝突するときの時刻 t_2 と水平方向の距離 ℓ を求めよ．

(3) ℓ が最大となる角度 θ と ℓ の値を求めよ．

【解答】 水平方向を x 軸，鉛直上向きを y 軸，質点を投げ出した場所を原点にとり，その時刻を $t=0$ とする．初速度ベクトルは $\boldsymbol{v}_0 = (v_0\cos\theta, v_0\sin\theta)$ で

与えられ，重力は $\boldsymbol{f} = (0, -mg)$ である．運動方程式の x 成分は，この方向には力がはたらかないので

$$ma_x = 0 \qquad \therefore \quad a_x = 0 \tag{1.39}$$

であり，初期条件は $t = 0$ で，$x_0 = 0$, $v_{x_0} = v_0 \cos\theta$ となる．一方，y 方向には重力が鉛直下向きにはたらくので

$$ma_y = -mg \qquad \therefore \quad a_y = -g \tag{1.40}$$

となり，初期条件は $t = 0$ で，$y_0 = 0$, $v_{y_0} = v_0 \sin\theta$ である．x 方向と y 方向は独立に解くことができ，その解は

$$x(t) = v_0 \cos\theta \cdot t \tag{1.41}$$

$$y(t) = v_0 \sin\theta \cdot t - \frac{1}{2}gt^2 \tag{1.42}$$

$$= -\frac{1}{2}g\left(t - \frac{1}{g}v_0 \sin\theta\right)^2 + \frac{1}{2g}v_0^2 \sin^2\theta \tag{1.43}$$

となる．(1.43) は (1.42) を t について平方完成したものである．

(1)　質点が最も高くなる時刻は，(1.43) の右辺の括弧の中が 0 になるときなので，$t_1 = \frac{1}{g}v_0 \sin\theta$ であり，そのときの高さ h は $\frac{1}{2g}v_0^2 \sin^2\theta$ となる．

(2)　質点が地上に衝突するときの時刻は $y(t) = 0$ より $t_2 = \frac{2}{g}v_0 \sin\theta$ である．そのときの水平方向の距離 ℓ は，(1.41) の右辺に t_2 の値を代入して

$$\ell = v_0 \cos\theta \cdot t_2 = \frac{v_0^2}{g}\sin 2\theta \tag{1.44}$$

となる．ここで $2\sin\theta\cos\theta = \sin 2\theta$ を用いた．

(3)　ℓ が最大となるのは，$\sin 2\theta = 1$ のときであり，$\theta = 45^\circ$ となる．ℓ の最大値は $\ell = \frac{v_0^2}{g}$ である． □

(1.41) より $t = \frac{x}{v_0 \cos\theta}$ であり，この t を (1.42) に代入して t を消去すると

$$y = \tan\theta \cdot x - \frac{g}{2v_0^2 \cos^2\theta} \cdot x^2 \tag{1.45}$$

が得られる．この式は，質点を角度 θ で投げ出したときの質点の軌道を表す放物線になっている．

1.2.4 3次元空間での質点の運動方程式

ここまで2次元平面での運動を詳しく説明してきたが，これを3次元空間に拡張するのは簡単である．

図1.14に示したように，3次元空間内に原点Oを定め，そこから3つの直交する方向にx軸，y軸，z軸をとる．原点の座標を$(0,0,0)$とし，そこからx軸の正の方向へx，y軸の正の方向へy，そしてz軸の正の方向へzだけ離れた点をPとする．Pの位置を表すのに，Pの座標(x,y,z)を用いてもよいが，2次元平面のときと同様に原点Oを出発してPまでのびる位置ベクトル$\boldsymbol{r}$を用いてもよい．

$$\boldsymbol{r} = (x, y, z) \tag{1.46}$$

OP間の距離は$r = \sqrt{x^2 + y^2 + z^2}$である．

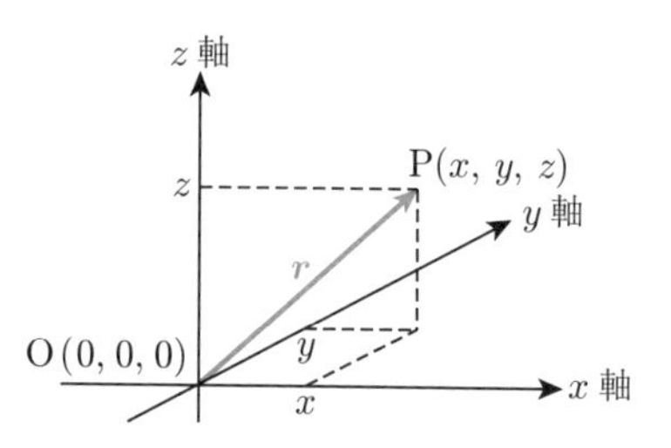

図1.14 3次元空間での座標と位置ベクトル

速度ベクトルは位置ベクトルの各成分を時間微分すれば求まる．

$$\boldsymbol{v}(t) = (v_x(t), v_y(t), v_z(t)) = \left(\frac{d}{dt}x(t), \frac{d}{dt}y(t), \frac{d}{dt}z(t)\right) \tag{1.47}$$

同様に，加速度ベクトルは速度ベクトルの各成分を時間微分すれば求まる．

$$\boldsymbol{a}(t) = (a_x(t), a_y(t), a_z(t)) = \left(\frac{d}{dt}v_x(t), \frac{d}{dt}v_y(t), \frac{d}{dt}v_z(t)\right) \tag{1.48}$$

3次元空間では，力も3つの成分を持つベクトル$\boldsymbol{f} = (f_x, f_y, f_z)$であり，質量$m$を持つ質点の運動方程式はベクトルで表すと2次元空間と同じ形を持つ．

$$\boldsymbol{f} = m\boldsymbol{a} \tag{1.49}$$

本書では3次元空間の力学についての詳細な議論はしないので，詳しくは巻末の参考文献等を見て頂きたい．

1.3 色 々 な 力

物体には重力以外にも色々な力がはたらく．ここではそれらの中から，以後の説明に必要な力をまとめる．前節と同様に力が物体のどこに作用するかは問わないので，厳密には質点にかかる力と表現すべきである．ただしここで説明することは，物体の大きさを考えても成り立つので，物体にはたらく力と書く．力の作用する場所を考慮した運動の取り扱いについては，1.8 節で議論する．

1.3.1 張 力

図 1.15 のように，質量 m の物体に糸を結び，糸のもう一方の端を天井に付けて固定する．物体は鉛直下向きに大きさ mg の重力を受けるが，それと同時に糸から鉛直上向きの力を受ける．この力は**張力** T と呼ばれている．このとき張力は，張力と重力がつり合い物体が動かないようにはたらく．これを運動方程式で表すと，鉛直下向きを正の方向として

$$ma = mg - T \tag{1.50}$$

であるが，$T = mg$ であれば右辺が消え，物体に加速度は生じない（$a = 0$）．ここでは 2 つの力がつり合っていたが，物体に 3 つ以上の力 $\boldsymbol{f}_1$, $\boldsymbol{f}_2$, ..., $\boldsymbol{f}_n$ がはたらいても同様である．それらの力が打ち消し合い物体が静止していれば，力はつり合っている．つまり，力がつり合う条件は

$$\boldsymbol{f}_1 + \boldsymbol{f}_2 + \cdots + \boldsymbol{f}_n = \boldsymbol{0} \tag{1.51}$$

となる．ここで $\boldsymbol{0}$ は，ベクトルのすべての成分が 0 の零ベクトルである．逆に力がつり合わず $\boldsymbol{f}_1 + \cdots + \boldsymbol{f}_n$ が有限の値を持てば，物体には加速度が生じる．$\boldsymbol{f}_1 + \cdots + \boldsymbol{f}_n$ のような力の和は，**合力**（ごうりょく）と呼ばれる．

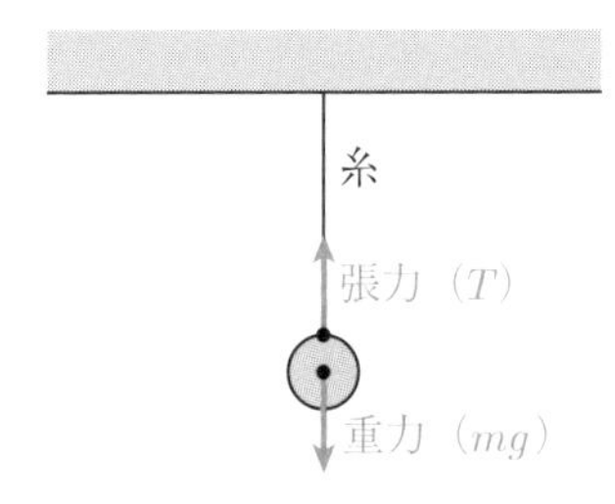

図 1.15　糸が物体を引く力（張力）

例題 1.8

図 1.16 のように，質量 m の物体を糸でつるし，糸の上端を鉛直上向きに引き上げた．物体に上向きに a の加速度を持たせるためには，糸の張力 T をいくつにすればよいか．

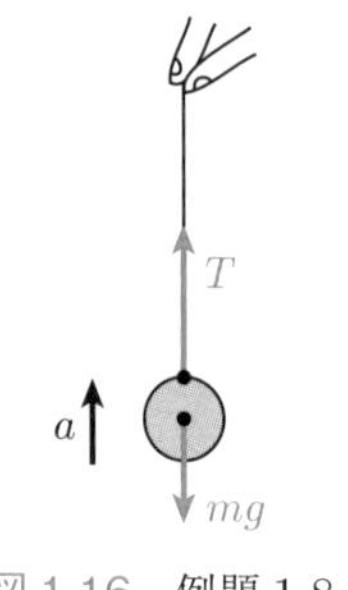

図 1.16 例題 1.8

【解答】 物体の運動方程式は，鉛直上向きを正の方向として

$$ma = T - mg \tag{1.52}$$

となるので，この式を T について解けば次のように求まる．

$$T = m(g + a) \tag{1.53}$$ □

1.3.2 垂 直 抗 力

図 1.17 のように，質量 m の物体を床の上に置いた．物体は鉛直下向きに大きさ mg の重力を受けるが，それと同時に床から鉛直上向きの力を受ける．この力は**垂直抗力** N と呼ばれる．垂直抗力は，垂直抗力と重力がつり合い物体が動かないようにはたらく．これを運動方程式で表すと，鉛直下向きを正の方向として

$$ma = mg - N \tag{1.54}$$

であるので，$N = mg$ であれば右辺が消え，物体に加速度は生じない（$a = 0$）．

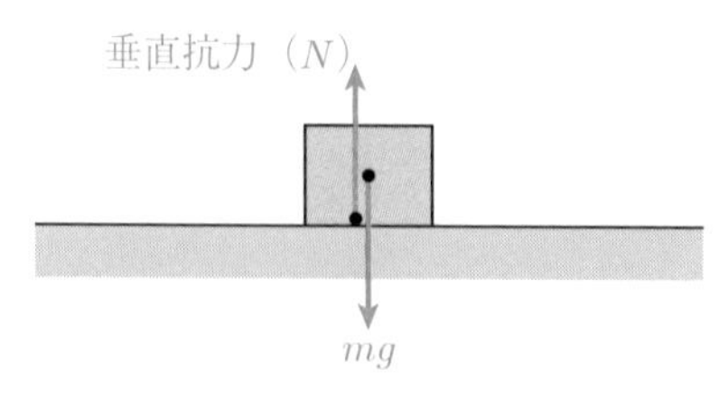

図 1.17 床が物体を押す力（垂直抗力）

1.3.3 摩 擦 力

図 1.18 のように，床の上に置かれた質量 m の物体に糸を結び付け，右の方向に張力 T で引いてみる．(a) のように，床がなめらかで摩擦がないときは，物体は加速度 $a = \frac{T}{m}$ で右に動く．

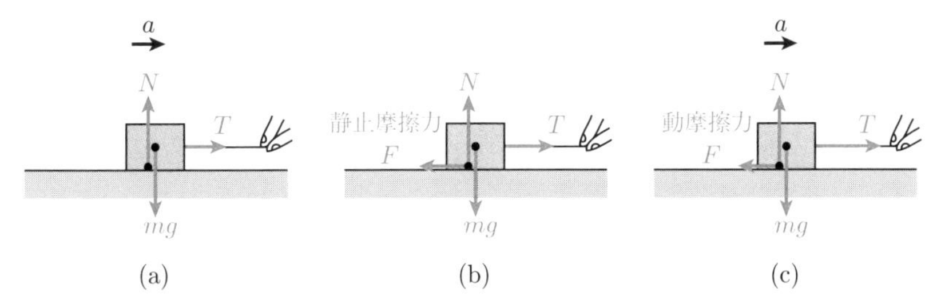

図 1.18　(a) なめらかな床　(b) 静止摩擦力　(c) 動摩擦力

次に，床の面があらいときを考える．糸を引く力が小さいと，物質は動かない ((b))．これは糸を引く方向と反対方向（今の場合は左向き）に，床から物体に摩擦力がはたらくからである．静止している物体にはたらく摩擦力は，特に**静止摩擦力**と呼ばれる．静止摩擦力の大きさ F は物体が動かないように，糸の張力の大きさと同じになる．

さて，糸を引く力を徐々に強くしてゆくと，ある時点で物体は右に動き出す．静止摩擦力の大きさには上限があり，この上限を超えて糸を引くと物体に右方向の加速度が生じるからである．静止摩擦力の上限値は，**最大摩擦力**と呼ばれる．実験的に，最大摩擦力の大きさ F_0 は，次式のように垂直抗力の大きさに比例することが分かっている．

$$F_0 = \mu N \tag{1.55}$$

比例定数 μ は，物体や床の種類や状態によって決まる定数で，**静止摩擦係数**と呼ばれる．

糸を引く力を F_0 より大きくすると物体は右側に動き出す．このときも物体には，運動を妨げるような左向きの摩擦力がはたらく．このようにあらい床の上を動く物体にはたらく力は，**動摩擦力**と呼ばれる．実験によると，動摩擦力

の大きさ F も次式のように垂直抗力の大きさに比例する．

$$F = \mu' N \tag{1.56}$$

比例定数 μ' は，物体や床の種類や状態によって決まる定数で，**動摩擦係数**と呼ばれる．μ' は物体の速度にはほとんど依存しない．一般に，動摩擦力は，静止摩擦力の最大値（最大摩擦力）より小さい．したがって，$\mu' < \mu$ である．

例題 1.9

図 1.19 のように，床の上に置かれた質量 m の物体に軽い糸を付け，糸が水平面と並行になるようにする．糸を引く力を徐々に大きくしたとき

(1)　物体が動き出す直前の糸の張力 T_0 を求めよ．

(2)　物体が動き出した後，張力が一定値 T になるようにした．このとき，物体の加速度を求めよ．

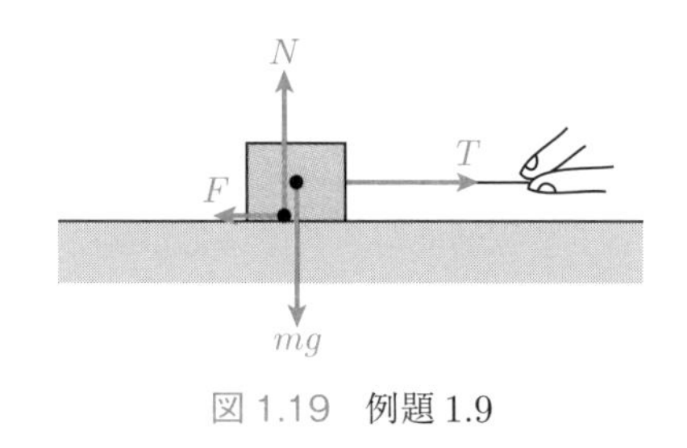

図 1.19　例題 1.9

【解答】　水平右向きを x 方向，鉛直上向きを y 方向とする．鉛直方向の力のつり合いから次の関係式が成り立つ．

$$N - mg = 0 \tag{1.57}$$

(1)　物体が動き出す直前の静止摩擦力は $F_0 = \mu N$ であり，水平方向の力のつり合いから

$$T_0 - F_0 = T_0 - \mu N = T_0 - \mu mg = 0$$

$$\therefore \quad T_0 = \mu mg \tag{1.58}$$

となる．ここで (1.57) より $N = mg$ を使った．

(2)　物体が動いているときは，動摩擦力の大きさは $F = \mu' N$ なので，水平方向の運動方程式は

$$
\begin{aligned}
ma &= T - F \\
&= T - \mu' N \\
&= T - \mu' mg
\end{aligned}
\tag{1.59}
$$

となるので，物体の加速度は次で与えられる．

$$
a = \frac{T}{m} - \mu' g \tag{1.60}
$$
□

1.3.4 弾 性 力

ばねを伸ばすと，ばねは元の長さ（自然の長さ ℓ）に戻ろうとする性質がある．図 1.20 のように，手でばねを自然の長さから伸ばすと，ばねは自然の長さに戻ろうとして，伸びと反対向きの力を手に加える．またばねを縮ませると，縮んだ方向と反対向きの力を手に加える．これらの力はばねの**弾性力**と呼ばれる．ばねの伸び x と弾性力の大きさ F は比例することが知られており，比例定数を k とすると

$$
F = kx \tag{1.61}
$$

となる．(1.61) を**フックの法則**という．比例係数 k は**ばね定数**と呼ばれており，その大きさはばねの材質や形状によって決まる．

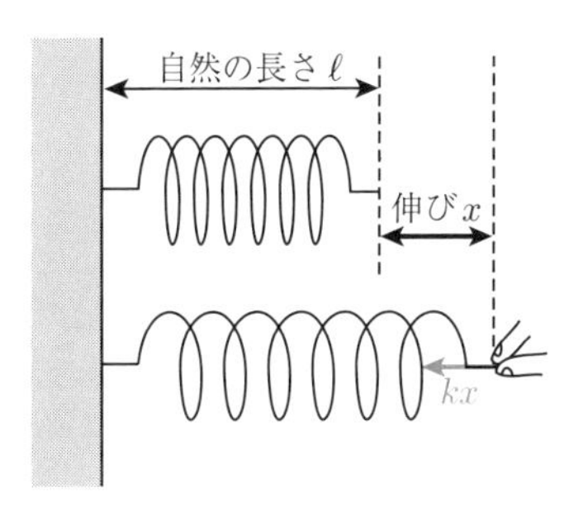

図 1.20　弾性力

例題 1.10

図 1.21 のように，質量 m の物体にばねを付け，ばねのもう一方の端を天井に固定した．ばねの自然の長さ ℓ からの伸びが x_0 のとき，物体にはたらく重力とばねの弾性力がつり合い，物体は静止した．このときのばねの伸び x_0 を求めよ．

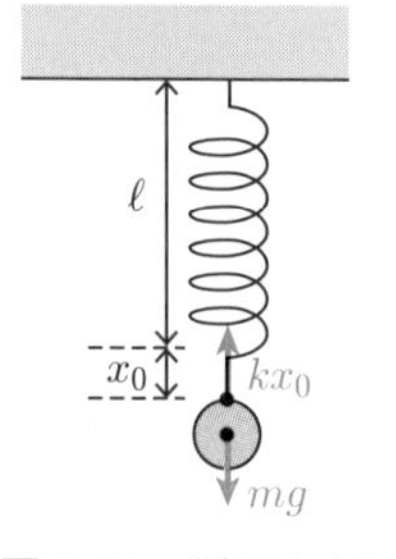

図 1.21　例題 1.10

【解答】　鉛直下向きを正の方向とすると，物体にはたらく力のつり合いから

$$mg - kx_0 = 0 \tag{1.62}$$

となるので，ばねの伸び x_0 は

$$x_0 = \frac{mg}{k} \tag{1.63}$$

で与えられる．　□

1.4 単振動と円運動

重力は大きさや方向が一定なので，重力を受ける物体は等加速度運動をする．しかし，世の中には加速度が変化する運動が沢山ある．それらの中から，特に重要な単振動と円運動について説明をする．単振動は物体が一つの直線上に振動する運動であり，円運動は物体が平面上を回転する運動である．これらはそれぞれ特徴的な加速度運動を行う．

1.4.1 単　振　動

図 1.21 のばねは自然の長さ ℓ から x_0 だけ伸びており，ばねの弾性力と重力とがつり合い物体は静止している．この状態から手で物体を下向きに動かし，ばねをさらに伸ばしたところで手をはなすと，物体は上下に振動をする．この運動について調べてみる．

図 1.22 にあるようにばねが長さ $\ell + x_0$ のつり合いの状態から，さらに x だけ伸びた瞬間を考える．鉛直下向きを正の方向とすると，物体には重力 mg とばねの弾性力 $-k(x_0+x)$ がはたらくので運動方程式は

$$ma = mg - k(x_0 + x) \tag{1.64}$$

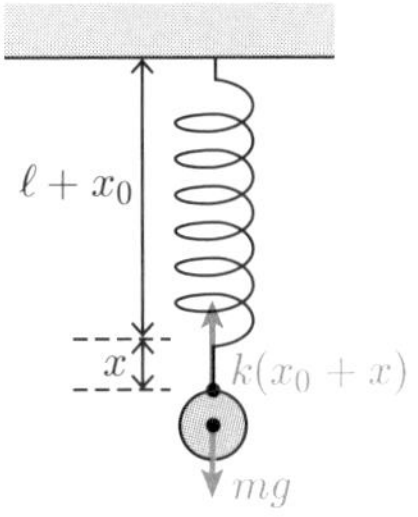

であるが，(1.63) より $x_0 = \frac{mg}{k}$ なので (1.64) は

$$ma = m\frac{d^2x}{dt^2} = -kx$$

$$\therefore \quad \frac{d^2x}{dt^2} = -\frac{k}{m}x \tag{1.65}$$

図 1.22　単振動

となる．つまり，ばねにつながれた物体の加速度は一定ではなく，伸び x に比例している．(1.65) の右辺にマイナスの符号があるので，$x > 0$ のときは加速度は負，また $x < 0$ のときは加速度は正の値を持つ．つまり，加速度の方向は物体をつり合いの位置に戻す方向になっている．

ステップアップ　**微分方程式と任意定数**

(1.65) は x とその 2 階微分 $\frac{d^2x}{dt^2}$ からなる方程式である．一般に，関数の微分を含む方程式は**微分方程式**と呼ばれる．微分方程式を解いて，変数 x を t の関数 $x = x(t)$ として求めるのは，物理学の中心的な問題である．ただし解法を詳細に述べるのは本書の目的ではないので，巻末の参考文献等を見てもらうとして，ここでは一つだけ注意をしておく．微分方程式を解くのは本質的には，積分をすることである．1 階の微分のみを含む方程式は，積分を 1 回すれば解が求まる．このとき，積分定数が一つ現れるが，物理の問題では積分定数の値は初期条件を与えて求める．ニュートンの運動方程式は 2 階の微分 $\frac{d^2x}{dt^2}$ を含む．積分を 2 回しないと解が求まらないので，積分定数が 2 個現れる．自由落下の問題では，時刻 $t = 0$ での物体の位置 x_0 と初速度 v_0 を与えると，これら 2 つの積分定数が定まるのである．以下特に断らない限り，積分定数のことを任意定数と呼ぶ．

方程式 (1.65) の解は

$$x(t) = A\sin(\omega t + \phi) \tag{1.66}$$

$$\omega = \sqrt{\frac{k}{m}} \tag{1.67}$$

で与えられる．ここで，A と ϕ は2つの任意定数である．sin 関数は周期関数なので，(1.66) は物体が $x=0$ を中心に $x=\pm A$ の間を周期的に運動する様子を表している．図 1.23 に，$\phi=0$ のときの (1.66) を示した．この運動は**単振動**と呼ばれており，A は単振動の**振幅**，ϕ は**初期位相**，そして ω は**角振動数**である．sin 関数の周期は 2π なので，物体が振動して，同じ位置に戻るまでの時間 T は，$\omega T=2\pi$ より

$$T=\frac{2\pi}{\omega} \tag{1.68}$$

となる．T は単振動の**周期**，またその逆数 $f=\frac{1}{T}$ は単振動の**振動数**である．ここでは，ばねにつながれた物体の運動として単振動を導入したが，ばね以外にも物理学の多くの分野で単振動は最も基本的な運動として現れる．

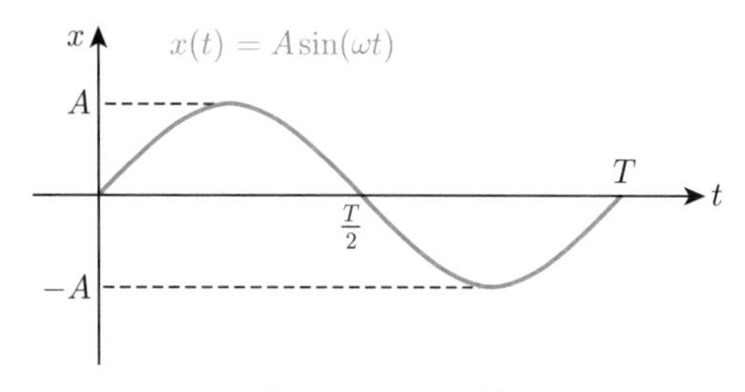

図 1.23　sin 関数

(1.66), (1.67) が (1.65) の解なのを確かめるために，$x(t+\Delta t)$ を sin 関数に関する加法定理

$$\sin(\alpha+\beta)=\sin\alpha\cos\beta+\cos\alpha\sin\beta \tag{1.69}$$

を用いて変形する．

$$\begin{aligned} x(t+\Delta t) &= A\sin(\omega t+\phi+\omega\Delta t) \\ &= A\sin(\omega t+\phi)\cos(\omega\Delta t)+A\cos(\omega t+\phi)\sin(\omega\Delta t) \end{aligned} \tag{1.70}$$

ここで 1.1 節と同様に，$\Delta x=x(t+\Delta t)-x(t)$ とし，$\frac{\Delta x}{\Delta t}$ を計算する．

$$\frac{\Delta x}{\Delta t}=A\omega\sin(\omega t+\phi)\frac{\cos(\omega\Delta t)-1}{\omega\Delta t}+A\omega\cos(\omega t+\phi)\frac{\sin(\omega\Delta t)}{\omega\Delta t} \tag{1.71}$$

(1.4), (1.5) から分かるように，物体の速度 $v=\frac{dx}{dt}$ は (1.71) で $\Delta t\to 0$ の極限をとると求まる．付録 B.1 で示すように

$$\lim_{\Delta t \to 0} \frac{\cos(\omega \Delta t) - 1}{\omega \Delta t} = 0 \tag{1.72}$$

$$\lim_{\Delta t \to 0} \frac{\sin(\omega \Delta t)}{\omega \Delta t} = 1 \tag{1.73}$$

なので

$$v(t) = \lim_{\Delta t \to 0} \frac{\Delta x}{\Delta t} = A\omega \cos(\omega t + \phi) \tag{1.74}$$

となる．同様に，$v(t + \Delta t)$ を cos 関数に関する加法定理

$$\cos(\alpha + \beta) = \cos\alpha \cos\beta - \sin\alpha \sin\beta \tag{1.75}$$

を用いて変形する．

$$\begin{aligned} v(t + \Delta t) &= A\omega \cos(\omega t + \phi + \omega \Delta t) \\ &= A\omega \cos(\omega t + \phi)\cos(\omega \Delta t) - A\omega \sin(\omega t + \phi)\sin(\omega \Delta t) \end{aligned} \tag{1.76}$$

そこで $\Delta v = v(t + \Delta t) - v(t)$ とし，$\frac{\Delta v}{\Delta t}$ を計算すると

$$\frac{\Delta v}{\Delta t} = A\omega^2 \cos(\omega t + \phi)\frac{\cos(\omega \Delta t) - 1}{\omega \Delta t} - A\omega^2 \sin(\omega t + \phi)\frac{\sin(\omega \Delta t)}{\omega \Delta t} \tag{1.77}$$

となる．(1.12)–(1.14) から分かるように，(1.77) で $\Delta t \to 0$ の極限をとると，加速度 $\frac{d^2x}{dt^2} = \frac{dv}{dt}$ が求まる．

$$\frac{d^2x}{dt^2} = -A\omega^2 \sin(\omega t + \phi) = -\omega^2 x \tag{1.78}$$

ここで，(1.66), (1.72), (1.73) を用いた．そこで，

$$\omega^2 = \frac{k}{m} \tag{1.79}$$

と置けば，(1.78) は (1.65) と一致する．(1.67) で ω を (1.79) の正の解として定義した．負の解を用いてもよいのだが，A と ϕ の符号を変えれば答えは同じになるので，これで一般性は失われない．

さて，(1.66) は，sin 関数に関する加法定理 (1.69) で，$\alpha = \omega t, \beta = \phi$ と置けば

$$x(t) = A\cos\phi \sin(\omega t) + A\sin\phi \cos(\omega t) \tag{1.80}$$

となる．そこで，2 つの任意定数 a, b を新たに

$$a = A\cos\phi, \quad b = A\sin\phi \tag{1.81}$$

で定義すれば，(1.80) は

$$x(t) = a\sin(\omega t) + b\cos(\omega t) \tag{1.82}$$

となる．(1.66), (1.74), (1.78) を比べれば分かるように

$$\frac{d}{dt}\sin(\omega t) = \omega\cos(\omega t) \tag{1.83}$$

$$\frac{d}{dt}\cos(\omega t) = -\omega\sin(\omega t) \tag{1.84}$$

となるので，この表式では単振動の速度 $v(t)$ は

$$v(x) = \frac{d}{dt}x(t) = a\omega\cos(\omega t) - b\omega\sin(\omega t) \tag{1.85}$$

と表される．

例として，この項のはじめに触れた図 1.22 の運動を考えよう．物体をつり合いの位置 $\ell + x_0$ から下向きに動かし，ばねの伸びが $x = R$ となったところで静かに手をはなす．この時刻を $t = 0$ とすると，初期条件は $x(0) = R$, $v(0) = 0$ であり，これを (1.82) および (1.85) に代入すると

$$x(0) = a\sin 0 + b\cos 0 = b = R \tag{1.86}$$

$$v(0) = a\omega\cos 0 - b\omega\sin 0 = a\omega = 0 \tag{1.87}$$

となるので，任意定数が $a = 0$ および $b = R$ と求まる．したがって，時刻 t での物体のつり合いの位置からの変位と速度は

$$x(t) = R\cos(\omega t) \tag{1.88}$$

$$v(t) = -R\omega\sin(\omega t) \tag{1.89}$$

で与えられる．図 1.24 に (1.88) を図示した．

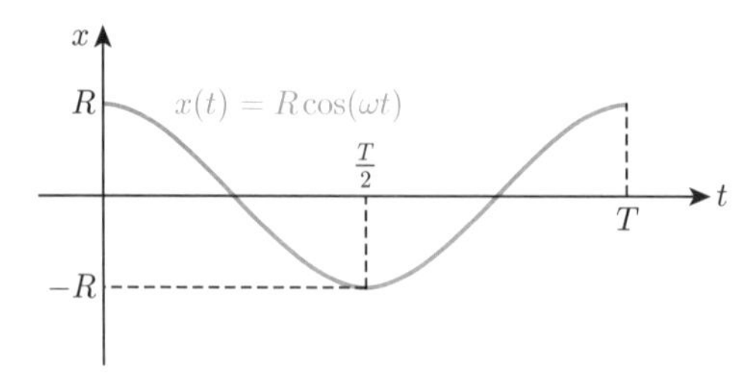

図 1.24 cos 関数

例題 1.11

つり合いの位置 $x = 0$ にある物体に，鉛直下向きに初速度 v_0 を与えた．時刻 t での物体の運動を求めよ．

【解答】 初期条件は $x(0) = 0$, $v(0) = v_0$ なので，(1.82), (1.85) より

$$x(0) = a\sin 0 + b\cos 0 = b = 0 \tag{1.90}$$

$$v(0) = a\omega\cos 0 - b\omega\sin 0 = a\omega = v_0 \tag{1.91}$$

なので，任意定数が $a = \frac{v_0}{\omega}$ および $b = 0$ と求まる．したがって，時刻 t での物体の変位と速度は

$$x(t) = \frac{v_0}{\omega}\sin(\omega t) \tag{1.92}$$

$$v(t) = v_0\cos(\omega t) \tag{1.93}$$

となる． □

1.4.2 円 運 動

図 1.25 にあるように水平に置かれた台の上に原点 O をとり，そこに棒を立てる．長さ r のひもを用意し，その一端を棒に結び付ける．ただし結び目は固定されておらず，棒のまわりを自由に回転できるとする．糸のもう片方に質量 m の物体を付け，棒のまわりを回転させる．図 1.25 (a) はこの様子を上から見たものであり，図 1.25 (b) は，水平方向から見た様子である．台の表面はなめらかで，台と物体の間には摩擦はない．したがって物体にはたらく力は，重力

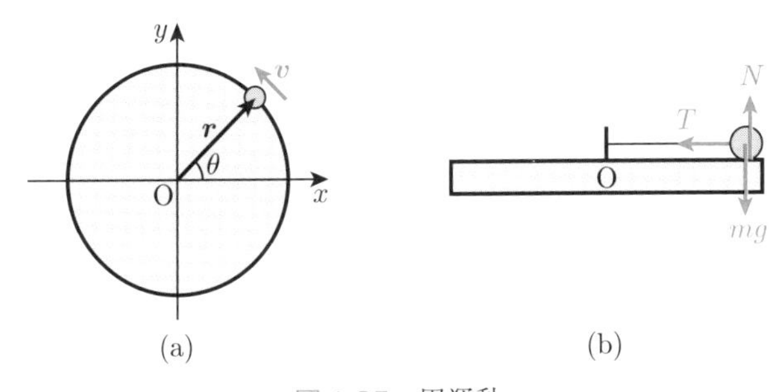

図 1.25 円運動

(mg)，床からの垂直抗力（N），そしてひもからの張力（T）となる．ただし重力と垂直抗力はつり合っており，物体は垂直方向には動かない．

原点Oから測った物体の2次元平面の場所を，位置ベクトル $\boldsymbol{r}=(x,y)$ で表す．ベクトル $\boldsymbol{r}$ と x 軸とのなす角を θ とすると，位置ベクトルは r と θ を用いて

$$\boldsymbol{r}=(r\cos\theta, r\sin\theta) \tag{1.94}$$

と表すこともできる．r はひもの長さなので変化しない．ここでは θ が時間に比例して変化する場合

$$\theta=\omega t \tag{1.95}$$

を考える．(1.94), (1.95) で表される運動を**円運動**と呼ぶ．ω は**角速度**と呼ばれる定数である．$\omega>0$ のとき，物体は上から見て反時計回りに回転し，$\omega<0$ のときは時計回りに回転する．時刻 $t+\Delta t$ での位置ベクトルを $\boldsymbol{r}+\Delta\boldsymbol{r}$ とすると，図 1.26 に示したように，$\Delta\boldsymbol{r}$ は半径 r の円の円周に沿ったベクトルになる．$\Delta\theta=\omega\Delta t$ なので，$\Delta\boldsymbol{r}$ の大きさ Δr は

$$\Delta r=r\Delta\theta=r\omega\Delta t \tag{1.96}$$

で与えられる．(1.4), (1.5) と同様に，円運動の速さを $v=\lim_{\Delta t\to 0}\frac{\Delta r}{\Delta t}$ で定義すると，

$$v=\lim_{\Delta t\to 0}\frac{\Delta r}{\Delta t}=r\omega \tag{1.97}$$

となる．v は速度ベクトルの大きさになる．r や ω は一定なので，v も一定である．そこで円運動は，**等速円運動**とも呼ばれる．ただし，速度ベクトルの向きは円周に沿って変化するので，速度ベクトル自身は一定ではない．

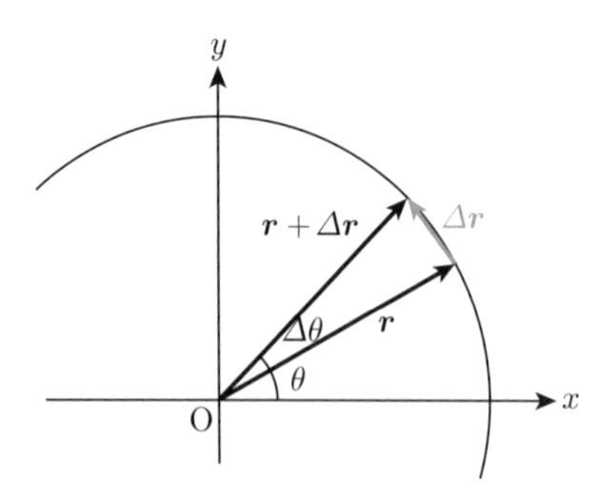

図 1.26 円運動の位置ベクトル $\boldsymbol{r}$

ステップアップ

円運動の速度ベクトルは，位置ベクトルの成分 (1.94) を t で微分して，直接求めることもできる．

$$\begin{aligned}\boldsymbol{v}(t) &= \left(r\frac{d}{dt}\cos(\omega t), r\frac{d}{dt}\sin(\omega t)\right) \\ &= (-r\omega\sin(\omega t), r\omega\cos(\omega t)) \qquad (1.98)\end{aligned}$$

ここで，(1.83) と (1.84) を用いた．(1.98) を図 1.27 に図示した．速度ベクトルの大きさは $v = \sqrt{(-r\omega\sin(\omega t))^2 + (r\omega\cos(\omega t))^2} = r\omega$ になっている．

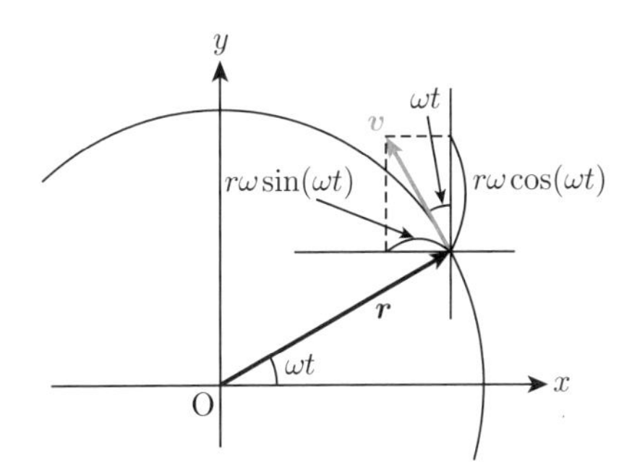

図 1.27　円運動の速度ベクトル $\boldsymbol{v}$

次に円運動の加速度を考える．図 1.28 (a) に示したように，時刻 t での速度ベクトルを $\boldsymbol{v}$，また時刻 $t + \Delta t$ での速度ベクトルを $\boldsymbol{v} + \Delta\boldsymbol{v}$ とする．位置ベクトル以外のベクトルの始点は自由に動かせるので，図 1.28 (b) のように，$\boldsymbol{v} + \Delta\boldsymbol{v}$ の始点を $\boldsymbol{v}$ の始点に合わせる．$\Delta\boldsymbol{v}$ は 2 つのベクトルの差であり，$\Delta t \to 0$ の

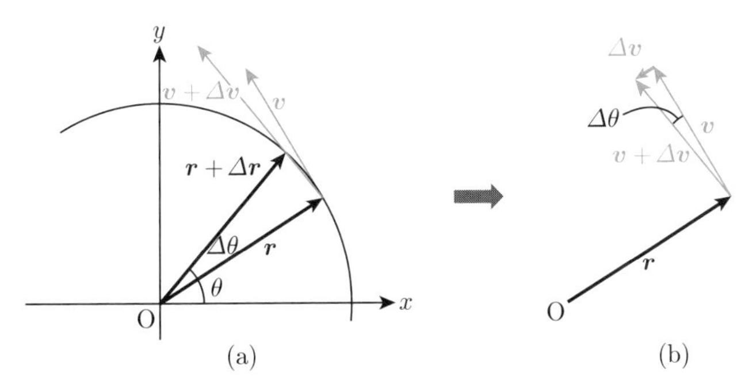

図 1.28　円運動の加速度ベクトル $\boldsymbol{a}$

極限で，$\boldsymbol{\Delta v}$ は $\boldsymbol{r}$ と平行で向きが逆のベクトルになる．$\boldsymbol{\Delta v}$ の大きさ Δv は，図 1.28 (b) より $\Delta v = v\Delta\theta = r\omega \cdot \omega \Delta t$ と求まるので，(1.12), (1.13) と同様に円運動の加速度を $a = \lim_{\Delta t \to 0} \frac{\Delta v}{\Delta t}$ で定義すると，

$$a = \lim_{\Delta t \to 0} \frac{\Delta v}{\Delta t} = r\omega^2 \tag{1.99}$$

となる．$\boldsymbol{a}$ ベクトルの大きさ a は，$\boldsymbol{r}$ ベクトルの大きさ r に比べ ω^2 倍であり，$\boldsymbol{a}$ と $\boldsymbol{r}$ は平行で向きが逆なので

$$\boldsymbol{a} = -\omega^2 \boldsymbol{r} \tag{1.100}$$

の関係がある．物体は O を中心に円運動をしているので $\boldsymbol{r}$ は一定でない．したがって加速度も一定ではない．(1.100) の右辺のマイナスの符号は，加速度の方向が物体から見て常に中心方向を向いているのを示している．

ステップアップ

速度ベクトルと同様に円運動の加速度ベクトルも，速度ベクトルの成分 (1.98) を t で微分して求まる．

$$\begin{aligned}\boldsymbol{a}(t) &= \left(-r\omega \frac{d}{dt}\sin(\omega t), r\omega \frac{d}{dt}\cos(\omega t)\right) \\ &= (-r\omega^2 \cos(\omega t), -r\omega^2 \sin(\omega t)) \\ &= -\omega^2 \boldsymbol{r}(t)\end{aligned} \tag{1.101}$$

ここで，(1.83) と (1.84) を用いた．上で述べたように，$\boldsymbol{a}$ の方向は $\boldsymbol{r}$ の方向と逆であり，$\boldsymbol{a}$ ベクトルの大きさは $a = \sqrt{(-r\omega^2 \cos(\omega t))^2 + (-r\omega^2 \sin(\omega t))^2} = r\omega^2$ となる．

回転している質量 m の物体の運動方程式は (1.100) より

$$\boldsymbol{f} = m\boldsymbol{a} = -m\omega^2 \boldsymbol{r} \tag{1.102}$$

となる．図 1.25 (b) にあるように，この力はひもが物体を引く張力 T である．力は常に円の中心を向いているので，この力は**向心力**と呼ばれる．向心力の大きさは $mr\omega^2$ である．(1.97) で示したように $v = r\omega$ なので，向心力の大きさ f は

$$f = mr\omega^2 = m\frac{v^2}{r} \tag{1.103}$$

と表すこともできる．

例題 1.12

(1)　円運動をしている物体の質量 m と半径 r を変えずに，速さ v を 2 倍にするには，向心力の大きさ f を何倍にすればよいか．

(2)　円運動をしている物体の質量 m と速度 v を変えずに，半径 r を半分にするには，向心力の大きさ f を何倍にすればよいか．

【解答】　$f = m\frac{v^2}{r}$ なので

(1)　v を 2 倍にするには，f を 4 倍にすればよい．

(2)　r を半分にするには，f を 2 倍にすればよい．　□

例題 1.13

図 1.25 のひもを，自然の長さ ℓ，ばね定数 k のばねに取りかえた．物体を角速度 ω で円運動させると，ばねは x だけ伸びた．

(1)　このときの，物体の速さを ℓ, x, ω を用いて表せ．

(2)　物体が受ける向心力の大きさと，ばね定数を ℓ, x, ω を用いて表せ．

【解答】　(1)　ばねの伸びが x のとき，ばね全体の長さは $r = \ell + x$ なので，物体の速さは，$v = r\omega = (\ell + x)\omega$ となる．

(2)　向心力の大きさは (1.103) より

$$mr\omega^2 = m(\ell + x)\omega^2 \tag{1.104}$$

である．この力はばねの弾性力 $T = kx$ によって生じるので，

$$kx = m(\ell + x)\omega^2$$

$$\therefore \quad k = \frac{m(\ell + x)\omega^2}{x} \tag{1.105}$$

となる．　□

1.4.3　慣性力と遠心力

電車が動き始めるとき，進行方向と逆方向に体が引っ張られたことはないだろうか．またエレベーターが上に動き始めたとき，体が少し重く感じたことはないだろうか．これは錯覚ではなく，加速度運動をしている乗り物の中にいる

観測者は，加速度と逆方向の力を受ける．この力は**慣性力**と呼ばれている．具体的に乗り物の加速度を $\boldsymbol{a}$ とすると，乗り物の中にいる体重 m の人は，$-m\boldsymbol{a}$ の慣性力を受ける．エレベーターの加速度を上向きに a とすると，この人は mg の重力と ma の慣性力の両方を下向きに感じる．$mg + ma = m(g + a)$ なので重力加速度が g から $g + a$ に増えたことになる．

エレベーターではこの影響は小さいが，ロケットが地上を離れて宇宙に飛び出すとき，宇宙船の中の飛行士には約 5G（重力の 5 倍）の力がかかる．訓練無しにこの力を受けると，飛行士は気を失ってしまう．図 1.29 に地上での訓練の様子を示した．長さ r の金属製の棒の片方を，中心 O に設置された回転軸に固定する．回転軸にはモーターが装備されており，角振動数を制御できる．棒の他方に飛行士が乗る乗員席を作り，乗員を座席にしっかり固定する．この状態で徐々に回転数を上げてゆくと，乗員と乗員席は加速度 $r\omega^2$ の円運動をはじめる．乗員の体重を m とすると乗員は座席の背から，中心 O に向かい大きさ $N = mr\omega^2$ の垂直抗力を受ける．地上から見ると，これが乗員を回転運動させる向心力になる．一方，加速度 $r\omega^2$ の円運動をする乗員席の中から見ると，乗員には中心から外側に向かう大きさ $f = mr\omega^2$ の慣性力が図 1.29 (b) のようにはたらく．このとき，ω の値を適切に設定することでロケットが発射するときの大きな慣性力にそなえた訓練ができる．このように円運動によって生まれる慣性力は，**遠心力**と呼ばれる．遠心力と向心力は大きさは同じだが，はたらく方向が逆なので混同しないように注意しよう．

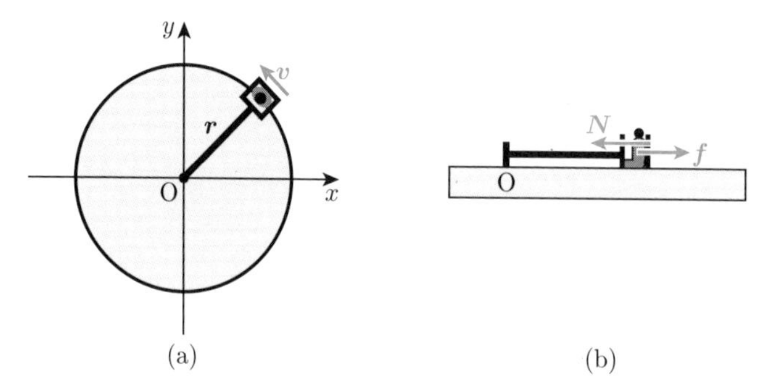

図 1.29　遠心力を用いた宇宙飛行士の訓練

1.4.4 内積と外積

実数 a と b に対して積 ab が定義できるように，2 つのベクトル $\boldsymbol{A}$ と $\boldsymbol{B}$ の間にも積が定義できる．ただし実数のときと違い，ベクトル間には内積 $\boldsymbol{A}\cdot\boldsymbol{B}$ と外積 $\boldsymbol{A}\times\boldsymbol{B}$ と呼ばれる 2 つの積が存在する．はじめに 2 次元空間での説明をし，そののちに 3 次元空間への拡張をする．

- **内積**　2 つのベクトル $\boldsymbol{A}$ と $\boldsymbol{B}$ に対して内積 $\boldsymbol{A}\cdot\boldsymbol{B}$ は

$$\boldsymbol{A}\cdot\boldsymbol{B} \equiv |\boldsymbol{A}|\,|\boldsymbol{B}|\cos\theta \tag{1.106}$$

で定義される実数である．ここで $|\boldsymbol{A}|$, $|\boldsymbol{B}|$ はそれぞれベクトル $\boldsymbol{A}$, $\boldsymbol{B}$ の大きさ，θ は 2 つのベクトルのなす角である．

- **外積**　2 つのベクトル $\boldsymbol{A}$ と $\boldsymbol{B}$ に対して外積 $\boldsymbol{A}\times\boldsymbol{B}$ は

$$\boldsymbol{A}\times\boldsymbol{B} \equiv |\boldsymbol{A}|\,|\boldsymbol{B}|\sin\theta \tag{1.107}$$

で定義される実数である．θ はベクトル $\boldsymbol{A}$ を基準とした，ベクトル $\boldsymbol{B}$ のなす角である．ただし，後で説明するが 3 次元空間では外積はベクトルになる．

例題 1.14

ベクトルの成分 $\boldsymbol{A}=(A_x, A_y)$, $\boldsymbol{B}=(B_x, B_y)$ を用いると，内積と外積は

$$\boldsymbol{A}\cdot\boldsymbol{B} = A_xB_x + A_yB_y \tag{1.108}$$

$$\boldsymbol{A}\times\boldsymbol{B} = A_xB_y - A_yB_x \tag{1.109}$$

と表されることを示せ．

【解答】 図 1.30 にあるように，ベクトル $\boldsymbol{A}$ を基準とした，ベクトル $\boldsymbol{B}$ のなす角を θ とする．2 つのベクトルの大きさをそれぞれ $|\boldsymbol{A}|=a$, $|\boldsymbol{B}|=b$ とすると

$$\boldsymbol{A} = (A_x, A_y) = (a\cos\phi, a\sin\phi) \tag{1.110}$$

$$\begin{aligned}\boldsymbol{B} &= (B_x, B_y) = (b\cos(\phi+\theta), b\sin(\phi+\theta))\\ &= (b\cos\phi\cos\theta - b\sin\phi\sin\theta, b\sin\phi\cos\theta + b\cos\phi\sin\theta)\end{aligned} \tag{1.111}$$

である．ここで，(1.69) と (1.75) を用いた．これらの式を用いて (1.108) と (1.109) の右辺を計算すると

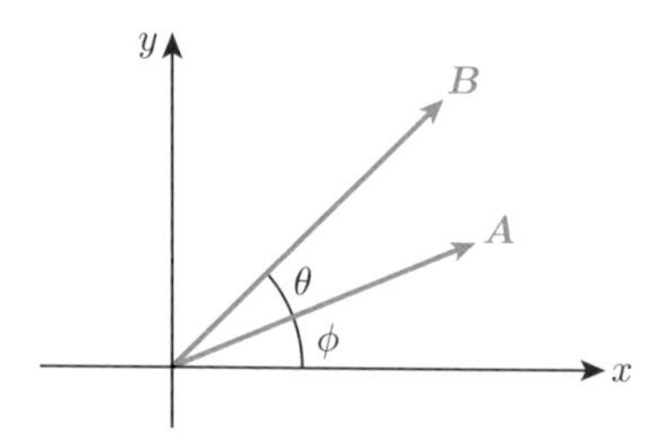

図 1.30　2 次元平面上でのベクトルの内積と外積

$$
\begin{aligned}
A_xB_x + A_yB_y &= ab\cos\phi(\cos\phi\cos\theta - \sin\phi\sin\theta) \\
&\quad + ab\sin\phi(\sin\phi\cos\theta + \cos\phi\sin\theta) \\
&= ab\cos\theta
\end{aligned}
\tag{1.112}
$$

$$
\begin{aligned}
A_xB_y - A_yB_x &= ab\cos\phi(\sin\phi\cos\theta + \cos\phi\sin\theta) \\
&\quad - ab\sin\phi(\cos\phi\cos\theta - \sin\phi\sin\theta) \\
&= ab\sin\theta
\end{aligned}
\tag{1.113}
$$

となるので，題意が示された．□

次に 3 次元空間のベクトル $\boldsymbol{A} = (A_x, A_y, A_z)$，$\boldsymbol{B} = (B_x, B_y, B_z)$ に対して，内積と外積を考える．内積は 2 次元空間と同様に

$$\boldsymbol{A}\cdot\boldsymbol{B} = A_xB_x + A_yB_y + A_zB_z \tag{1.114}$$

で定義されるスカラーである．これに対して，外積は

$$\boldsymbol{A}\times\boldsymbol{B} = (A_yB_z - A_zB_y, A_zB_x - A_xB_z, A_xB_y - A_yB_x) \tag{1.115}$$

で定義されるベクトルになる．このベクトルの性質を調べるには，座標系を適当に選び，$\boldsymbol{A}$ と $\boldsymbol{B}$ が x, y 平面内にくるようにすればよい．つまり，$\boldsymbol{A} = (A_x, A_y, 0)$, $\boldsymbol{B} = (B_x, B_y, 0)$ とすると，$\boldsymbol{A}\times\boldsymbol{B} = (0, 0, A_xB_y - A_yB_x)$ となる．2 次元空間の外積 (1.109) は，この z 成分に対応している．外積の大きさは $|\boldsymbol{A}|\,|\boldsymbol{B}|\,|\sin\theta|$ であり，$\boldsymbol{A}\times\boldsymbol{B}$ は $\boldsymbol{A}$ と $\boldsymbol{B}$ に直交している．ベクトルの方向は図 1.31 にあるように $\boldsymbol{A}$, $\boldsymbol{B}$, $\boldsymbol{A}\times\boldsymbol{B}$ が右手系を作るようになって

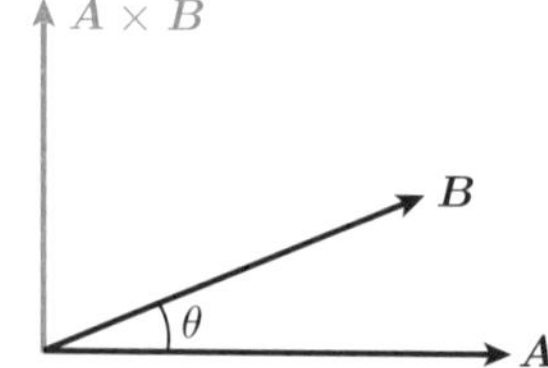

図 1.31　3 次元空間での外積

いる．これらの性質は座標系の取り方にはよらないので，一般の外積 (1.115) に対しても成り立つことに注意しよう．

1.4.5 面　積　速　度

円運動の位置ベクトル $\boldsymbol{r}$ と速度ベクトル $\boldsymbol{v}$ は常に直交しているので，内積は $\boldsymbol{r}\cdot\boldsymbol{v}=0$ である．一方，外積は有限の値 $\boldsymbol{r}\times\boldsymbol{v}=rv$ を持つが[1]，これには次のような物理的意味がある．図 1.32 (a) で青色で示した面積は，位置ベクトル $\boldsymbol{r}$ が時刻 t から $t+\Delta t$ の間に通過する面積 $\Delta S=\frac{1}{2}rv\Delta t$ である．そこで速度と同様に，**面積速度** v_S を

$$v_S=\lim_{\Delta t\to 0}\frac{\Delta S}{\Delta t} \tag{1.116}$$

で定義する．円運動のときには明らかに $v_S=\frac{1}{2}rv$ である．r も v も円運動で変化しないので，面積速度は一定である．

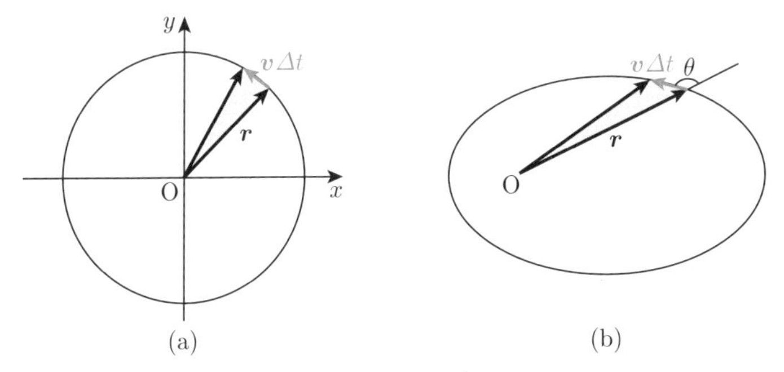

図 1.32　面積速度 $\frac{1}{2}\boldsymbol{r}\times\boldsymbol{v}$

面積速度は円運動以外にも定義できる．図 1.32 (b) に，原点 O のまわりを回転する物体の軌跡を描いた．青色で示した面積は，位置ベクトル $\boldsymbol{r}$ が時刻 t から $t+\Delta t$ の間に通過する面積 $\Delta S=\frac{1}{2}rv\sin\theta\Delta t=\frac{1}{2}\boldsymbol{r}\times\boldsymbol{v}\Delta t$ であり，したがって面積速度は $\boldsymbol{r}=(r_x,r_y)$ として

$$v_S=\frac{1}{2}\boldsymbol{r}\times\boldsymbol{v}=\frac{1}{2}(r_xv_y-r_yv_x) \tag{1.117}$$

[1] 2 次元の問題なので外積を実数として取り扱うが，厳密には 3 次元ベクトルの z 成分である．

である．以下で示すように，物体にはたらく力が常に原点Oを向く，つまり向心力

$$\boldsymbol{f} = -c\boldsymbol{r} \tag{1.118}$$

のときには，面積速度は一定になる．ここで，c は正の実数である．太陽のまわりを回転する惑星の面積速度は一定であり，この事実はケプラーの第2法則として知られている．ケプラーの法則については1.7節で詳しく説明する．

ステップアップ **向心力のもとでの面積速度**

向心力のもとで面積速度が一定になるのは，面積速度 $\frac{1}{2}\boldsymbol{r}\times\boldsymbol{v} = \frac{1}{2}(r_x v_y - r_y v_x)$ の時間微分が0だからである．任意関数 g, h の積 gh の微分は，$\frac{d}{dt}(gh) = \frac{dg}{dt}h + g\frac{dh}{dt}$ なので，

$$\begin{aligned}&\frac{d}{dt}\left(\frac{1}{2}(r_x v_y - r_y v_x)\right)\\ &= \frac{1}{2}\left(\frac{dr_x}{dt}v_y + r_x\frac{dv_y}{dt} - \frac{dr_y}{dt}v_x - r_y\frac{dv_x}{dt}\right)\end{aligned} \tag{1.119}$$

となる．ここで $\frac{dr_x}{dt} = v_x$, $\frac{dr_y}{dt} = v_y$，また質量 m の物体にはたらく力を向心力 (1.118) とすると

$$\frac{dv_x}{dt} = a_x = \frac{1}{m}f_x = -\frac{c}{m}r_x \tag{1.120}$$

$$\frac{dv_y}{dt} = a_y = \frac{1}{m}f_y = -\frac{c}{m}r_y \tag{1.121}$$

なので，(1.119) の右辺は

$$\frac{1}{2}\left(v_x v_y - \frac{c}{m}r_x r_y - v_y v_x + \frac{c}{m}r_y r_x\right) = 0 \tag{1.122}$$

となる．つまり，$\frac{d}{dt}\left(\frac{1}{2}\boldsymbol{r}\times\boldsymbol{v}\right) = 0$ であり，面積速度は時間によらず一定である．

1.5 エネルギー保存則

我々は日常生活で“仕事”という言葉をよく使う．力学でも仕事は“エネルギー”とともに重要な概念となっている．ここで扱うエネルギーは力学的エネルギーであるが，この他にも，熱エネルギー，電気エネルギー，原子核エネルギー等，色々な種類がある．ほとんどすべての物理の分野に現れるので，ここでその概念に慣れてほしい．

1.5.1 仕　　事

図 1.33 にあるように，物体に大きさ F の力を加え物体が距離 x だけ移動したとする．このとき力は**仕事**をしたという．力の方向と物体が移動した方向が同じときは，仕事 W は

$$W = Fx \tag{1.123}$$

で定義される．特に，1 N の力で，物体を 1 m 動かしたときの仕事を 1 ジュール（J）という．定義から 1 J = 1 N · m である．

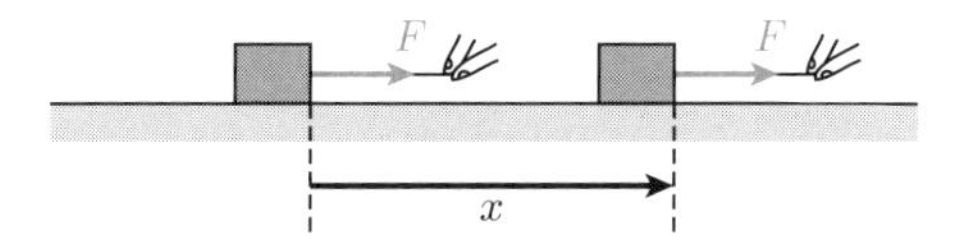

図 1.33　物体を F の力で，距離 x だけ動かしたときの仕事

例題 1.15

物体に 5 N の力を加えたら，物体は力と同じ方向へ 10 m 動いた．このとき力がした仕事は何 J か．

【解答】 力の方向と物体が移動した方向が同じなので，(1.123) で，$F = 5$ N，$x = 10$ m とおくと，力がした仕事は 50 J となる．□

次に，力の方向と物体が移動する方向が異なる場合を考えよう．図 1.34 のように，力の方向が水平方向から角度 θ だけずれていたとする．物体は垂直方向には動かないので，力は垂直方向には仕事をしない．力の水平方向の成分は $F\cos\theta$ なので，距離 x だけ動かしたときに力が水平方向にする仕事は

$$W = Fx\cos\theta \tag{1.124}$$

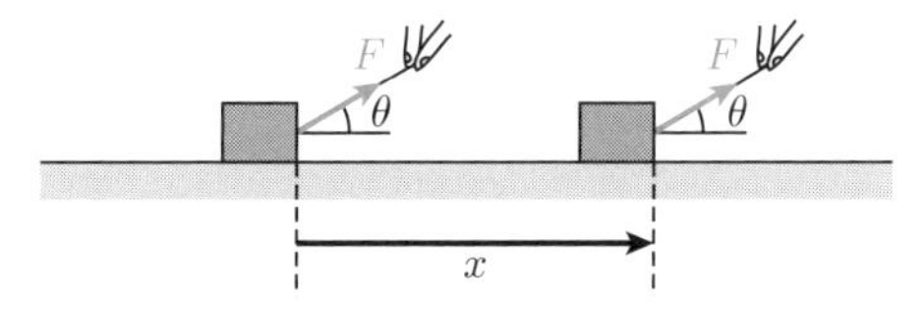

図 1.34　力の方向と，物体が移動する方向が違う場合

となる．1.4.4 項で説明したベクトルの内積を用いると，(1.123) と (1.124) はまとめて

$$W = \boldsymbol{F} \cdot \boldsymbol{x} \tag{1.125}$$

と表せる．ここで物体にはたらく力を $\boldsymbol{F}$ ベクトルとし，大きさが x で物体が移動する方向を持つベクトルを $\boldsymbol{x}$ とした．

θ は任意の値を持てるが，特に重要なのは $\theta = \pi$ の場合である．例として図 1.35 に，右側に動いている物体に左向きの力を加え物体を減速させるようすを示した（$v < v_0$）．物体が移動する方向と力の方向は逆なので $\cos\pi = -1$ であり，力がした仕事は

$$W = -Fx \tag{1.126}$$

となる．"力が負の仕事をする" のは変な感じがするが，これはされた仕事と考えればよい．図 1.35 の指は大きさ Fx の仕事をされたのである．立場を逆にし物体の方から見ると，物体は Fx の仕事をしたことになる．一方，図 1.33 のように $W = Fx$ の場合は，物体は Fx の仕事をされたのである．

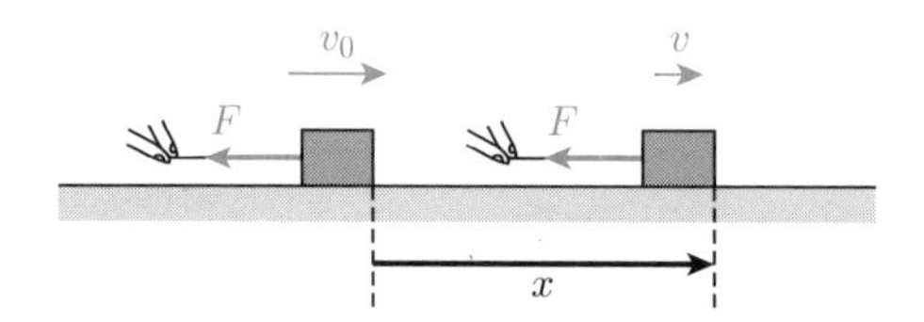

図 1.35 物体が移動する方向と逆に力がはたらく場合

図 1.36 に，物体にはたらく力 F を移動距離 x の関数として表した．このような図を (F-x) 図という．簡単のため，力の方向と物体の移動する方向は同じとした．力 F が一定の場合，図 1.36 (a) に示したように仕事 $W = Fx$ は (F-x) 図の面積になっている．図 1.36 (b) に，はたらく力が x の関数 $F(x)$ になっているときを示したが，この場合も仕事は (F-x) 図の面積になる．

ステップアップ

(F-x) 図の面積は $F(x)$ の積分で表せるので，仕事 W は

$$W = \int_0^x F(x)\,dx \tag{1.127}$$

となる．

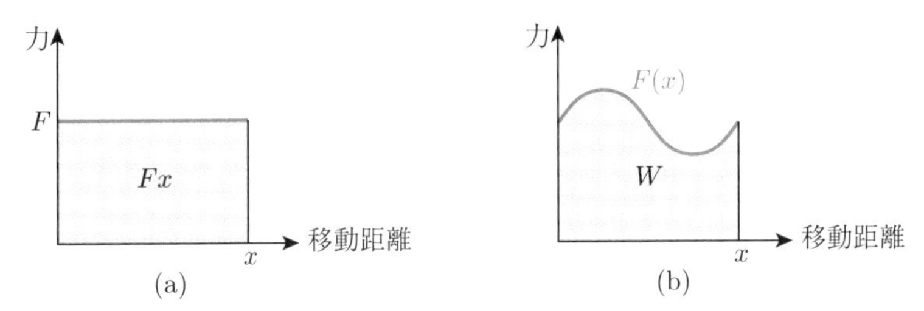

図 1.36　(F-x) 図の面積と仕事. (a) 力が一定の場合　(b) 力が一定でない場合

1.5.2　運動エネルギー

図 1.37 にあるように，速さ v_0 で動いている物体に，運動の方向に大きさ F の力を加える．物体の移動距離が x のとき，物体の速さが v （$> v_0$）になったとする．床はなめらかで，摩擦はない．物体の質量を m とすると，運動方程式 $F = ma$ から加速度は $a = \frac{F}{m}$ となる．力を加え続けた時間を t とすると，x と v は

$$x = v_0 t + \frac{1}{2}at^2 = v_0 t + \frac{1}{2m}Ft^2 \tag{1.128}$$

$$v = v_0 + at = v_0 + \frac{1}{m}Ft \tag{1.129}$$

で与えられる．(1.129) より t が

$$t = \frac{m}{F}(v - v_0) \tag{1.130}$$

と求まる．これを (1.128) に代入すると

$$x = \frac{m}{2F}(v^2 - v_0^2) \tag{1.131}$$

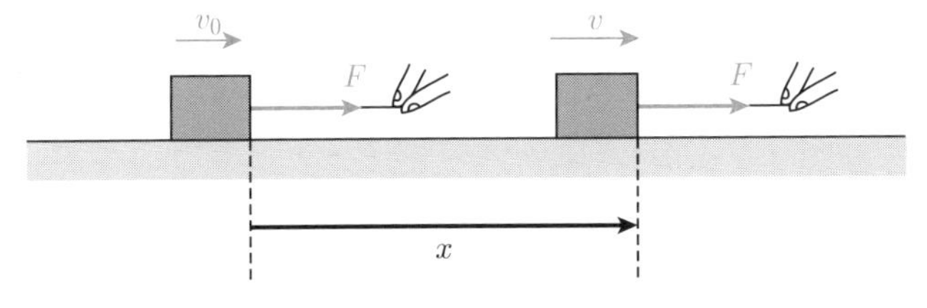

図 1.37　仕事と運動エネルギー

となるので，両辺に F をかけると

$$\frac{1}{2}mv^2 - \frac{1}{2}mv_0^2 = Fx \tag{1.132}$$

となる．(1.132) の左辺に現れる量は物体の**運動エネルギー**と呼ばれる物理量である．質量 m の物体が速さ v で動いているとき，物体は運動エネルギー

$$K = \frac{1}{2}mv^2 \tag{1.133}$$

を持つ．物体の速さが v_0 のときの運動エネルギーを $K_0 = \frac{1}{2}mv_0^2$ とすると (1.132) は

$$K - K_0 = Fx \tag{1.134}$$

となる．つまり物体に力を加え Fx の仕事をすると，物体の運動エネルギーは与えられた仕事の分だけ増加するのである．ここまでは，力の方向と物体の移動する方向を同じにとったが，異なる場合には (1.132) を

$$\frac{1}{2}mv^2 - \frac{1}{2}mv_0^2 = Fx\cos\theta \tag{1.135}$$

とすればよい．

逆に動いている物体を止めるには，物体の進む方向と逆向きの力を加えればよいので，(1.135) で $v = 0, \theta = \pi$ とすると

$$-\frac{1}{2}mv_0^2 = -Fx$$

$$\therefore \quad Fx = \frac{1}{2}mv_0^2 \tag{1.136}$$

となる．力は負の仕事 $-Fx$ をする．(1.126) の下で説明したように，このとき物体は外部に対して Fx の仕事をする．言い換えれば，運動エネルギー K を持つ物体は，外部に K の仕事をする能力を持っている．(1.133) から分かるように，運動エネルギーは物質の質量と速さの 2 乗に比例する．速さが同じであれば，普通自動車より大型トラックの方が運動エネルギーは大きい．また，普通自動車でも速さが 2 倍になれば運動エネルギーは 4 倍になる．車を静止させるのに必要な仕事が 4 倍になり，急停車がしづらくなる．スピードの出しすぎが危険なのはこのためである．

例題 1.16

質量 1500 kg の自動車が時速 36 km/h で走っている．前方に障害物を発見し急ブレーキをかけたところ，車が停車するまでに 10 m 移動した．この間タイヤはロックして動かず，タイヤと路面との間の動摩擦力は一定だとする．

(1) タイヤと路面との間の動摩擦力と動摩擦係数を求めよ．

(2) 自動車の時速が 72 km/h のとき，車が停車するまでに必要な距離は何 m か．

【解答】 (1) 例題 1.1 より，$36\,\mathrm{km/h} = 10\,\mathrm{m/s}$ なので，(1.136) より動摩擦力 F は

$$F \cdot 10 = \frac{1}{2} \cdot 1500 \cdot 10^2 \quad \therefore \quad F = 7.5 \times 10^3\,\mathrm{N} \tag{1.137}$$

となる．また，動摩擦係数 μ' は $F = \mu' mg$ より，$\mu' = \frac{5.0}{g} = 0.51$ である．

(2) 動摩擦力は自動車の速さによらない．速度が 2 倍になると，自動車の運動エネルギーは 4 倍になる．止まるまでの距離も 4 倍になるので $10 \times 4 = 40\,\mathrm{m}$ となる． □

1.5.3 位置エネルギー

水力発電所では，水を高いところから低いところへ流し，そのときに出るエネルギーを電力に変えている．このエネルギーは**重力による位置エネルギー**と呼ばれ，水だけではなく重力を受けるすべての物体が持つエネルギーである．図 1.38 (a) にあるように，地面から高さ x の位置にある物体を A，地面にある物体を B とする．質量はともに m だとする．両者ともに静止しており，運動エネルギーは持たない．では 2 つの物体の持つエネルギーは同じだろうか．物体 A をその場所から自由落下させると，物体には重力がはたらき，地面に届くまでに mgx の運動エネルギーを得る．つまり，高さ x の位置にある物体 A は，B より mgx だけ大きいエネルギーを持っている．これが**位置エネルギー**である．逆に B を高さ x まで持ち上げようとすると，外力で mgx の仕事をしなければならない．この仕事が位置エネルギーとして物体 B に蓄えられる．厳

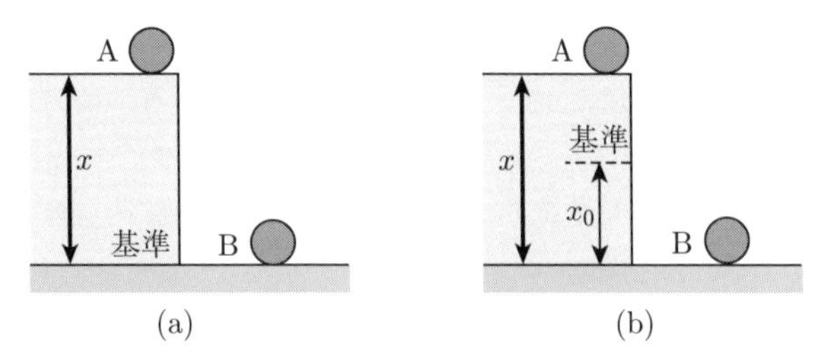

図 1.38 仕事と位置エネルギー

密には位置エネルギーを定義するには，基準とする位置を定めなくてはいけない．ここでは，地面を基準の位置に選んだ．位置エネルギーはUで表され，地面から高さxの位置にある，質量mの物体の位置エネルギーは

$$U = mgx \tag{1.138}$$

となる．

例題 1.17

図 1.38 (b) にあるように，位置エネルギーの基準を地面から高さx_0の位置に選んだ．このとき，物体AとBの位置エネルギー$U_{\mathrm{A}}, U_{\mathrm{B}}$，およびその差$U_{\mathrm{A}} - U_{\mathrm{B}}$を求めよ．

【解答】 物体AとBの位置エネルギー$U_{\mathrm{A}}, U_{\mathrm{B}}$はそれぞれ

$$U_{\mathrm{A}} = mg(x - x_0), \quad U_{\mathrm{B}} = -mgx_0 \tag{1.139}$$

となる．U_{B}は負の値になる．位置エネルギーの差は

$$U_{\mathrm{A}} - U_{\mathrm{B}} = mg(x - x_0) - (-mgx_0) = mgx \tag{1.140}$$

となり，x_0に依存しない． □

1.5.4 力学的エネルギー

図 1.39 にあるように，地面からの高さx_0のところから，物体を垂直下向きに初速度v_0で投げ下ろした．その後物体は重力の影響を受け加速され，位置xを通過するときに速さがv（$> v_0$）になった．重力の大きさを$F = mg$,

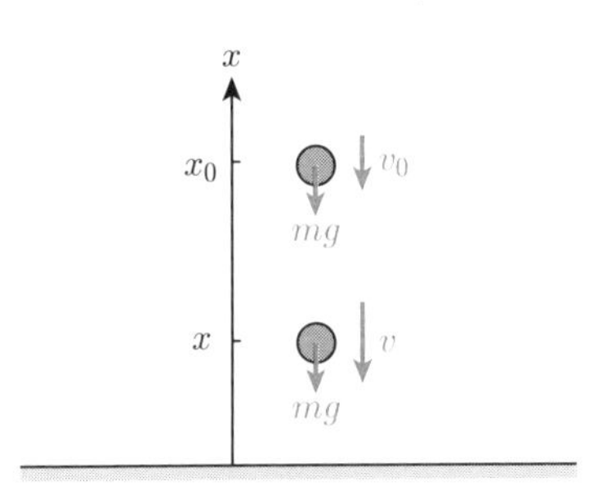

図 1.39　力学的エネルギーの保存

移動距離を $x_0 - x$ とすると，物体が移動する方向と重力の方向は同じなので (1.132) より

$$\frac{1}{2}mv^2 - \frac{1}{2}mv_0^2 = mg(x_0 - x) \tag{1.141}$$

となる．この式を書き換えると

$$\frac{1}{2}mv^2 + mgx = \frac{1}{2}mv_0^2 + mgx_0 \tag{1.142}$$

である．$\frac{1}{2}mv_0^2 + mgx_0$ は定数なので，自由落下の過程で $\frac{1}{2}mv^2 + mgx$ も時間によらない定数である．この定数は**力学的エネルギー** E と呼ばれ，運動エネルギーと位置エネルギーの和になっている．

$$E = \frac{1}{2}mv^2 + mgx = K + U \tag{1.143}$$

図 1.40 に物体が自由落下するときの力学的エネルギーの様子を図示した．図 1.39 の物体を高さ x_0 の位置から初速度 $v_0 = 0$ で，自由落下させる．落下が始まった直後は，$K = 0, U = mgx_0, E = mgx_0$ である．物体が落下し高さが次第に低くなってゆくと，位置エネルギーの大きさが減少し，それに合わ

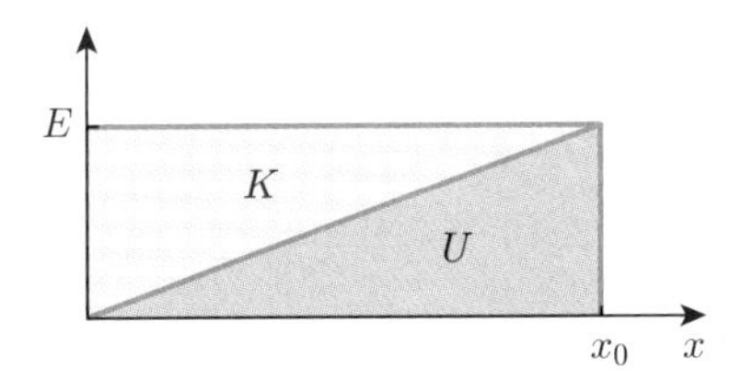

図 1.40　自由落下時での力学的エネルギー

せて運動エネルギーが増加する．ただし力学的エネルギーの値は変わらない．そして物体が地面にぶつかる直前（$x=0$）で $K=mgx_0, U=0, E=mgx_0$ となる．

例題 1.18

例題 1.4 と同様に，地面から高さ x_0 のところから，物体を垂直上向きに初速度 v_0 で投げ上げた．このとき力学的エネルギーが保存することを用いて

(1) 物体が最も高くなるときの高さ x を求めよ．

(2) 物体が地面に衝突する直前の速度を求めよ．

【解答】 高さ x_0 での力学的エネルギーは $E=\frac{1}{2}mv_0^2+mgx_0$ である．

(1) 物体が最も高くなるとき，物体の速度は $v=0$ なので，力学的エネルギーの保存から

$$E=\frac{1}{2}mv_0^2+mgx_0=mgx \quad \therefore \quad x=x_0+\frac{1}{2}\frac{v_0^2}{g} \tag{1.144}$$

となる．

(2) 地面では $x=0$ なので，力学的エネルギーの保存から

$$E=\frac{1}{2}mv_0^2+mgx_0=\frac{1}{2}mv^2 \quad \therefore \quad v=-\sqrt{v_0^2+2gx_0} \tag{1.145}$$

となる．ここで，v が負であることを用いた． □

1.5.5 弾性力の位置エネルギー

前項では重力の位置エネルギーを用いて，力学的エネルギーを議論した．しかし，**位置エネルギー**は重力以外の力に対しても定義できる．図 1.20 のように，ばねが自然の長さから x だけ伸びている状態から，自然の長さに戻るまでに弾性力 $F=kx$ がする仕事を考える．弾性力は，x の関数なので $(F\text{-}x)$ 図は図 1.41 のようになる．弾性力がする仕事 W は，$(F\text{-}x)$ 図の面積で与えられるので

$$W=\frac{1}{2}\cdot x\cdot kx=\frac{1}{2}kx^2 \tag{1.146}$$

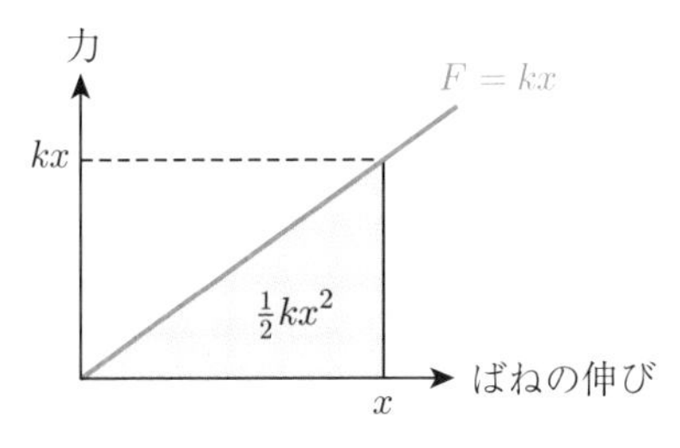

図 1.41 弾性力の位置エネルギー

となる．弾性力がした仕事は，ばねに蓄えられていた**弾性力の位置エネルギー**だと考え

$$U = \frac{1}{2}kx^2 \tag{1.147}$$

とする．ばねによる単振動でも，力学的エネルギーは保存される．例えば，時刻 $t = 0$ で $x = R$, $v = 0$ で始まる単振動は (1.88)–(1.89) より，$x(t) = R\cos(\omega t)$, $v(t) = -R\omega\sin(\omega t)$ で表される．したがって，運動エネルギーと位置エネルギーはそれぞれ

$$K(t) = \frac{1}{2}mv^2(t) = \frac{1}{2}mR^2\omega^2\sin^2(\omega t) = \frac{1}{2}kR^2\sin^2(\omega t) \tag{1.148}$$

$$U(t) = \frac{1}{2}kx^2(t) = \frac{1}{2}kR^2\cos^2(\omega t) \tag{1.149}$$

と求まる．(1.148) の最後の式で $\omega^2 = \frac{k}{m}$ を用いた．力学的エネルギー E は $K(t)$ と $U(t)$ の和なので

$$E = K(t) + U(t) = \frac{1}{2}kR^2(\sin^2(\omega t) + \cos^2(\omega t)) = \frac{1}{2}kR^2 \tag{1.150}$$

となり時間に依存しない．つまり，弾性力でも力学的エネルギーは保存される．重力や弾性力に限らず，力学的エネルギーが保存される力は**保存力**と呼ばれる．一般に，物体を位置 x から y に移動するときに保存力がする仕事 W は

$$W = U(x) - U(y) \tag{1.151}$$

と位置エネルギーの差になる．(1.151) を保存力の定義として使うこともある．保存力のもとで，力学的エネルギーが保存することを，**力学的エネルギー保存則**が成り立つという．

例題 1.19

図 1.42 にあるように，ばねの左端を壁に固定する．質量 m の物体をばねの右端に押しつけ，ばねを自然長から x だけ縮めた．この状態で物体を静かにはなすと，物体はばねが自然長に戻った位置でばねから離れ，水平方向に等速度運動を始めた．このときの物体の速さを求めよ．なお，床はなめらかで摩擦はないとする．

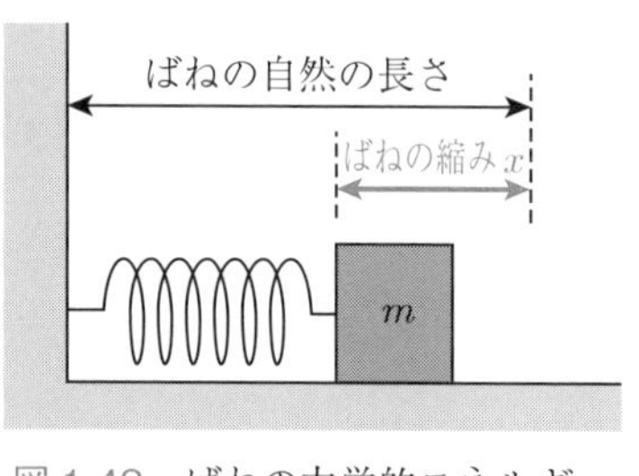

図 1.42 ばねの力学的エネルギー

【解答】 物体にはばねの弾性力の他に，重力と床からの垂直抗力がはたらく．ただし，重力と垂直抗力は垂直方向にはたらき，物体の水平方向の運動と直交するので，これらの力は仕事をしない．したがって，力学的エネルギー保存則がばねの弾性力に対して成り立つ．ばねが x だけ縮んだときは $v = 0$，ばねが自然の長さに戻ったときは $x = 0$ なので，力学的エネルギーの保存則より

$$E = \frac{1}{2}kx^2 = \frac{1}{2}mv^2 \quad \therefore \quad v = \sqrt{\frac{k}{m}}x \tag{1.152}$$

となる． □

ステップアップ 保存力と位置エネルギー

一般的に力 $F(x)$ と位置エネルギー $U(x)$ が

$$F(x) = -\frac{d}{dx}U(x) \tag{1.153}$$

の関係で結ばれているとき，力学的エネルギー $E = \frac{1}{2}mv^2(t) + U(x(t))$ は保存される．これを示すために，E の時間微分をとってみる．

$$\frac{d}{dt}E = \frac{d}{dt}\left(\frac{1}{2}mv^2(t) + U(x(t))\right) = mv\frac{dv}{dt} + \frac{dU}{dx}\frac{dx}{dt} \tag{1.154}$$

ここで，任意関数 $g(t), h(t)$ の合成関数 $g(h(t))$ に対する微分規則 $\frac{d}{dt}g(h(t)) = \frac{dg}{dh}\frac{dh}{dt}$ を用いた．さらに $\frac{dx}{dt} = v$，$\frac{dv}{dt} = a$，(1.153) および運動方程式 $F = ma$ を用いると

$$\frac{d}{dt}E = v\left(ma + \frac{dU}{dx}\right) = v(ma - F) = 0 \tag{1.155}$$

となり，E は時間に依存しない．つまり，力学的エネルギーは保存される．具体的に，重力（$U(x) = mgx$）のときは

$$F(x) = -\frac{d}{dx}U(x) = -\frac{d}{dx}mgx = -mg \tag{1.156}$$

また，ばねの弾性力（$U(x) = \frac{1}{2}kx^2$）のときは

$$F(x) = -\frac{d}{dx}U(x) = -\frac{d}{dx}\frac{1}{2}kx^2 = -kx \tag{1.157}$$

となり，(1.153) が成り立つ．力学的エネルギーが保存するので，(1.153) を満たす力は，保存力と呼ばれる．

1.6 運動量保存則

1.6.1 運動量と力積

図 1.43 のように，速度 v_0 で動いている物体に，物体の進行方向に F の力を加えた．力を加え始めた時刻を t とする．その後 Δt の間一定の力を加え続けたところ，時刻 $t + \Delta t$ で物体の速度は $v = v_0 + \Delta v$ になった．床はなめらかで摩擦はないとする．力が一定であれば加速度も一定なので

$$a = \frac{\Delta v}{\Delta t} = \frac{v - v_0}{\Delta t} \tag{1.158}$$

である．物体の質量を m とすると，運動方程式より $a = \frac{F}{m}$ なので

$$a = \frac{v - v_0}{\Delta t} = \frac{F}{m}$$

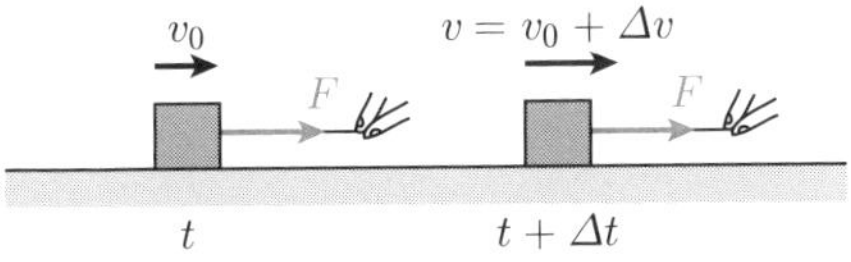

図 1.43　運動量と力積

$$\therefore \quad mv - mv_0 = F\Delta t \tag{1.159}$$

となる．(1.159) の左辺に現れる量は物体の**運動量**と呼ばれる物理量である．質量 m の物体が速度 v で動いているとき，物体は運動量

$$p = mv \tag{1.160}$$

を持つ．物体の速度が v_0 のときの運動量を $p_0 = mv_0$ とすると (1.159) は

$$p - p_0 = F\Delta t \tag{1.161}$$

となる．(1.161) の右辺に現れる，力と力が加わった時間の積 $F\Delta t$ は**力積**と呼ばれる．(1.161) は，運動量の変化は力積に等しいことを表している．2 次元平面や 3 次元空間では，速度はベクトルで表される．したがって運動量もベクトルであり

$$\boldsymbol{p} = m\boldsymbol{v} \tag{1.162}$$

また (1.161) は

$$\boldsymbol{p} - \boldsymbol{p}_0 = \boldsymbol{F}\Delta t \tag{1.163}$$

と表される．

例題 1.20

静止しているゴルフボールをドライバーで打ったところ，ゴルフボールが速度 60 m/s で飛び出した．

(1) ゴルフボールの質量を 5.0×10^{-2} kg として，ドライバーがゴルフボールに与えた力積を求めよ．

(2) 力を与えた時間が 5.0×10^{-3} s だとして，力の大きさを求めよ．

【解答】 (1) ゴルフボールは最初静止しており $v_0 = 0$ なので，(1.159) より力積は

$$F\Delta t = mv = 5.0 \times 10^{-2} \times 60 = 3.0\ \mathrm{N \cdot s} \tag{1.164}$$

となる．

(2) $\Delta t = 5.0 \times 10^{-3}$ s なので

$$F\Delta t = F \times 5.0 \times 10^{-3} = 3.0 \tag{1.165}$$

より，$F = 6.0 \times 10^2$ N となる． □

ステップアップ　力の時間積分としての力積

運動方程式を速度 v で表すと

$$m\frac{d}{dt}v = F \tag{1.166}$$

となる．m は定数なので，m は時間微分の中に入れることができ

$$m\frac{d}{dt}v = \frac{d}{dt}(mv) = \frac{d}{dt}p \tag{1.167}$$

と変形できる．したがって運動方程式は運動量で表され

$$\frac{d}{dt}p = F \tag{1.168}$$

となる．両辺に dt を掛ければ

$$dp = F\,dt \tag{1.169}$$

となるが，ここで $dp \to p - p_0$, $dt \to \Delta t$ と，微分を有限の差分に置きかえれば (1.169) は (1.161) と一致する．力が一定でなく時間の関数 $F = F(t)$ のときは，(1.168) を $\frac{dp'}{dt'} = F(t')$ と書き直して t' で積分すればよい．

$$\int_t^{t+\Delta t} \frac{dp'}{dt'}\,dt' = \int_{p_0}^{p} dp' = p - p_0 = \int_t^{t+\Delta t} F(t')\,dt' \tag{1.170}$$

つまり，力積は力の時間積分になる．

1.6.2　運動量保存則

図 1.44 (a) にあるように，物体 1 と物体 2 が右方向に動いている．物体 1 の速度 v_1 は物体 2 の速度 v_2 より大きく，しばらくすると (b) のように物体 1 は物体 2 に衝突する．衝突の瞬間，2 つの物体は互いに力を及ぼし合う．物体 1 が物体 2 に及ぼす力を F とすると，作用反作用の法則により，物体 2 は物体 1 に $-F$ の力を及ぼすことになる．衝突は短い時間 Δt に起こり，その間の力 F は一定だとする．その後，2 つの物体は (c) のようにそれぞれ v_1' および v_2' の速度で右方向に離れていく．物体 1 の質量を m_1，物体 2 の質量を m_2 とすると，運動量の変化と力積の関係を表す (1.159) より，それぞれの物体について

$$m_1v_1' - m_1v_1 = -F\Delta t \tag{1.171}$$

$$m_2v_2' - m_2v_2 = F\Delta t \tag{1.172}$$

が成り立つ．運動量を $p_1 = m_1v_1$, $p_1' = m_1v_1'$, $p_2 = m_2v_2$, $p_2' = m_2v_2'$ で定

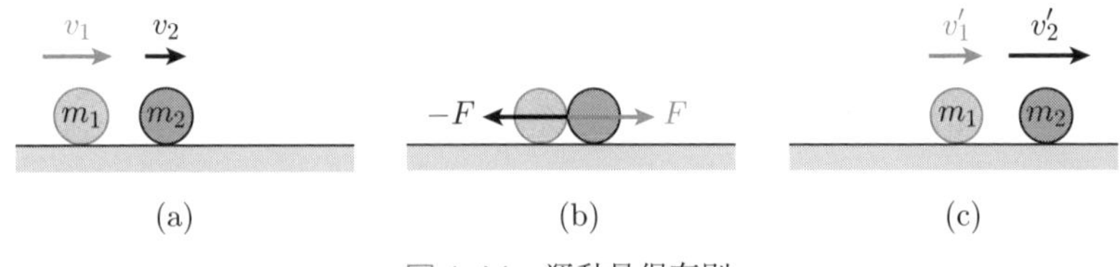

図 1.44 運動量保存則

義すると，(1.171), (1.172) は

$$p_1' - p_1 = -F\Delta t \tag{1.173}$$

$$p_2' - p_2 = F\Delta t \tag{1.174}$$

である．(1.173) と (1.174) の和をとると，F の項は打ち消し合い

$$p_1' - p_1 + p_2' - p_2 = 0$$

$$\therefore\ \ p_1 + p_2 = p_1' + p_2' \tag{1.175}$$

となる．つまり 2 つの物体の運動量の和 $p_1 + p_2$ は衝突の前後で値が変わらない．これを**運動量の保存則**という．ここでは，2 つの物体の衝突を考えたが，一般に N 個の物体が互いに力を及ぼし合い，外からの力が加わらなければ，N 個の物体の運動量の和は変化しない．物体同士が互いに及ぼし合う力は**内力**，外からの力は**外力**と呼ばれる．したがって，内力だけを受ける物体の集団の運動量は保存される．

例題 1.21

図 1.45 にあるように，質量 $m_1 = 10\,\mathrm{kg}$ の物体 1 と質量 $m_2 = 15\,\mathrm{kg}$ の物体 2 を正面衝突させた．衝突する前の物体 1 の速度は $6.0\,\mathrm{m/s}$，物体 2 の速度は $-6.0\,\mathrm{m/s}$ であった．衝突後の物体 1 の速度が $-7.5\,\mathrm{m/s}$ のとき，物体 2 の速度を求めよ．

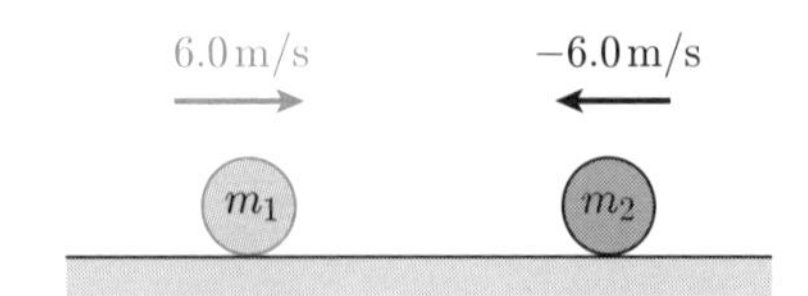

図 1.45 正面衝突する 2 物体の運動量保存則

【解答】 運動量保存則 (1.175) より $m_1v_1 + m_2v_2 = m_1v_1' + m_2v_2'$ であるので

$$10 \times 6.0 + 15 \times (-6.0) = 10 \times (-7.5) + 15v_2'$$
$$\therefore \quad v_2' = 3.0\,\mathrm{m/s} \tag{1.176}$$

となる. □

1.6.3 重 心

物体 1 の位置を x_1，物体 2 の位置を x_2 とする．このとき 2 つの物体の**重心** G を，位置が

$$x_\mathrm{G} = \frac{m_1x_1 + m_2x_2}{m_1 + m_2} \tag{1.177}$$

の点として定義する．ここで，m_1，m_2 はそれぞれの物体の質量である．図 1.46 に示すように，重心は 2 つの物体を結ぶ線分上にある．重心と物体 1 との距離を $\ell_1 = x_\mathrm{G} - x_1$，重心と物体 2 との距離を $\ell_2 = x_2 - x_\mathrm{G}$ とすると，(1.177) より

$$\ell_1 = x_\mathrm{G} - x_1 = \frac{m_2}{m_1 + m_2}(x_2 - x_1) \tag{1.178}$$

$$\ell_2 = x_2 - x_\mathrm{G} = \frac{m_1}{m_1 + m_2}(x_2 - x_1) \tag{1.179}$$

となる．つまり ℓ_1 と ℓ_2 の比は

$$\ell_1 : \ell_2 = m_2 : m_1 \tag{1.180}$$

になる．$m_1 = m_2$ であれば，重心と 2 つの物体までの距離は等しい．どちらかの物体が重ければ，重心は重い物体の方に近づく．

さて前項で説明したように，2 つの物体に内力のみがはたらくとき，運動量は保存される．これを，速度を用いて表すと，

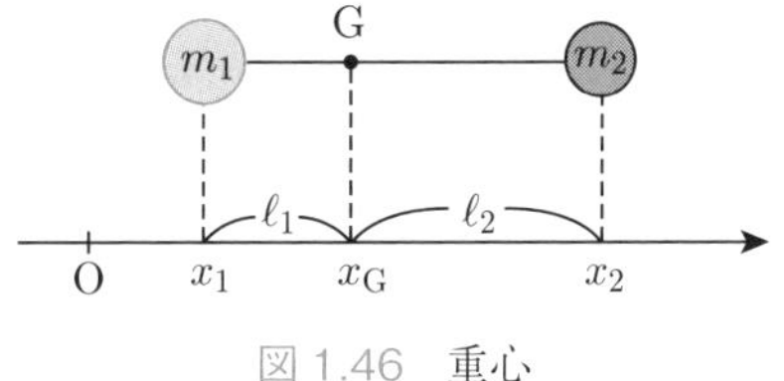

図 1.46 重心

$$m_1 v_1 + m_2 v_2 = 一定 \tag{1.181}$$

となる．$v_1 = \frac{dx_1}{dt}$, $v_2 = \frac{dx_2}{dt}$ なので (1.181) は

$$m_1 \frac{dx_1}{dt} + m_2 \frac{dx_2}{dt} = \frac{d}{dt}(m_1 x_1 + m_2 x_2) = 一定 \tag{1.182}$$

となる．この式を $m_1 + m_2$ で割ると (1.177) より

$$\frac{d}{dt} x_\mathrm{G} = v_\mathrm{G} = 一定 \tag{1.183}$$

となる．つまり，物体間に内力のみがはたらく場合は，重心は等速度運動をする．特に重心の速度が 0 であれば，重心は常に静止している．

2 次元平面や 3 次元空間でも，2 つの物体の位置ベクトルを $\boldsymbol{r}_1$, $\boldsymbol{r}_2$ で表すと，重心の位置ベクトル $\boldsymbol{r}_\mathrm{G}$ は

$$\boldsymbol{r}_\mathrm{G} = \frac{m_1 \boldsymbol{r}_1 + m_2 \boldsymbol{r}_2}{m_1 + m_2} \tag{1.184}$$

で与えられる．2 つの物体に内力のみがはたらくとき，重心は等速直進運動をする．

例題 1.22

質量 $m_1 = 10\,\mathrm{kg}$ の物体 1 と質量 $m_2 = 15\,\mathrm{kg}$ の物体 2 が 10 m 離れて静止している．2 つの物体の重心の位置を求めよ．

【解答】 物体 1 と重心の距離を ℓ_1，重心と物体 2 との距離を ℓ_2 とすると (1.180) より

$$\ell_2 = \frac{m_1}{m_2} \ell_1 = \frac{2}{3} \ell_1 \tag{1.185}$$

である．$\ell_1 + \ell_2 = 10\,\mathrm{m}$ なので

$$\ell_1 + \ell_2 = \ell_1 + \frac{2}{3}\ell_1 = 10$$

$$\therefore \quad \ell_1 = 6.0\,\mathrm{m} \tag{1.186}$$

となる． □

1.7 万有引力と惑星の運動

1.2.1 項で説明した作用反作用の法則によれば，2 つの物体の間には大きさが同じで互いに反対方向の力がはたらく．例えば，人が自動車を押せば，自動車は人を反対方向に押し返す．では地上の物体にはたらく重力の場合，作用反作用の相手は何なのだろう．実感できないかもしれないが，相手は地球になる．この節では，重力を作り出す万有引力について説明する．万有引力は地上だけでなく，太陽のまわりを回転する惑星の運動も支配する．万有引力の性質は考える空間の次元に依存する．この節では，3 次元空間内での万有引力を考えるが，運動は 2 次元平面上に限られる．

1.7.1 万有引力と重力

図 1.47 のように，物体 1 と物体 2 が距離 r 離れたところにある．このとき，2 つの物体には互いに引き合う力がはたらく．この力は物体の種類によらずにはたらくので，**万有引力**と呼ばれる．力の大きさ F は，2 つの物体の質量 m_1, m_2 に比例し，距離の 2 乗に反比例する．つまり

$$F = G\frac{m_1 m_2}{r^2} \tag{1.187}$$

である．比例定数 G は**万有引力定数**と呼ばれる物理量であり，その大きさは

$$G = 6.67 \times 10^{-11}\ \mathrm{N \cdot m^2/kg^2} \tag{1.188}$$

で与えられる[2]．作用反作用の法則により，2 つの物体の万有引力の大きさは等しい．

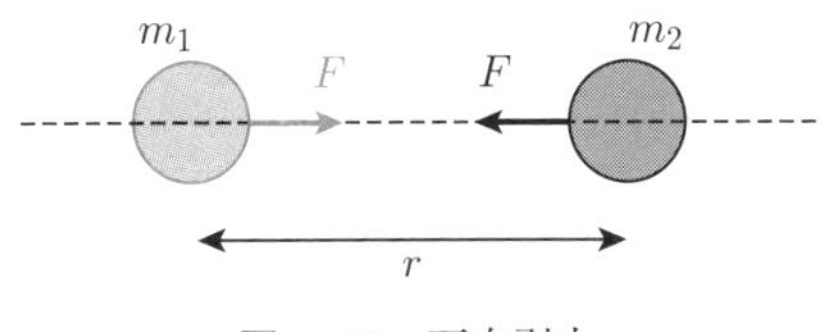

図 1.47 万有引力

[2] 詳しい値は $G = 6.67430(15) \times 10^{-11}\ \mathrm{N \cdot m^2/kg^2}$ である．(15) は下 2 桁の誤差を表している．

例題 1.23

質量 $m_1 = 10\,\mathrm{kg}$ の物体 1 と質量 $m_2 = 15\,\mathrm{kg}$ の物体 2 の距離が 10 m のとき，2 つの物体にはたらく万有引力の大きさを求めよ．

【解答】 (1.187) より

$$F = \frac{6.67 \times 10^{-11} \times 10 \times 15}{10^2} = 1.0 \times 10^{-10}\,\mathrm{N} \tag{1.189}$$

となる．我々が日常生活で感じる摩擦力や垂直抗力の大きさは $1 \sim 10^3$ N 程度である．この例から分かるように通常の物体同士の万有引力は非常に小さく，我々が感じることはない． □

地球も大きな物体なので，地上にある物体は地球と万有引力で引き合う．地球は非常に重いので，この万有引力は無視できない．実際には，地上の物体が受ける万有引力は，地球の各部分が物体に及ぼす万有引力の和，つまり合力である．一般に合力を求めるのは難しいが，幸い地球は均一な球なので，合力はガウスの定理を使うと簡単に求まる．ガウスの定理については巻末の参考文献等を参考にしてもらうことにし，ここでは結果のみを述べる．地球の万有引力は，地球の質量が地球の中心に集まったときの万有引力に等しい．具体的に，地球の半径を $R = 6.4 \times 10^6$ m，地球の質量を $M = 6.0 \times 10^{24}$ kg とすると，地上の質量 m の物体が受ける万有引力は

$$G\frac{mM}{R^2} = (6.67 \times 10^{-11}) \times \frac{(6.0 \times 10^{24}) \times m}{(6.4 \times 10^6)^2} = 9.8 \cdot m\ [\mathrm{N}] \tag{1.190}$$

である．つまり，地上にある物体は地球から万有引力を受け，これが重力になる．式で表せば，

$$mg = G\frac{mM}{R^2}$$
$$\therefore \quad g = G\frac{M}{R^2} \tag{1.191}$$

である．作用反作用の法則にしたがえば，地球は地上の物体から mg の万有引力を受けている．

例題 1.24

月の重力加速度は，地球の重力加速度の何倍か．ただし，月の半径は地球の半径の $\frac{3}{11}$，月の質量は地球の質量の $\frac{1}{81}$ とする．

【解答】 月の重力加速度を g' とすると，(1.191) より

$$g' = G\frac{\frac{M}{81}}{\left(\frac{3R}{11}\right)^2} = \frac{121}{729}G\frac{M}{R^2} = \frac{121}{729}g \tag{1.192}$$

$\frac{121}{729}$ は大体 $\frac{1}{6}$ なので，月の重力加速度は，地球の重力加速度の約 $\frac{1}{6}$ 倍である．

□

ステップアップ

地球は自転しているので地上の物体には回転の遠心力がはたらく．したがって正確には，重力は地球の万有引力と遠心力の合力となる．ただし遠心力は大きいところでも，万有引力の $\frac{1}{290}$ 程度にしかならないので，通常は考える必要はない．

さて地上以外の万有引力の例として，人工衛星を考える．図 1.48 のように，人工衛星が地上から高さ h のところを地球を中心に円運動している．地球の半径を R とすれば，人工衛星の回転半径は $R+h$ になる．地球の質量を M，人工衛星の質量を m，人工衛星の回転速度を v とする．人工衛星が受ける万有引力 $\boldsymbol{F}$ は常に地球の中心を向いている．この力が，人工衛星の回転の向心力になると考えると，

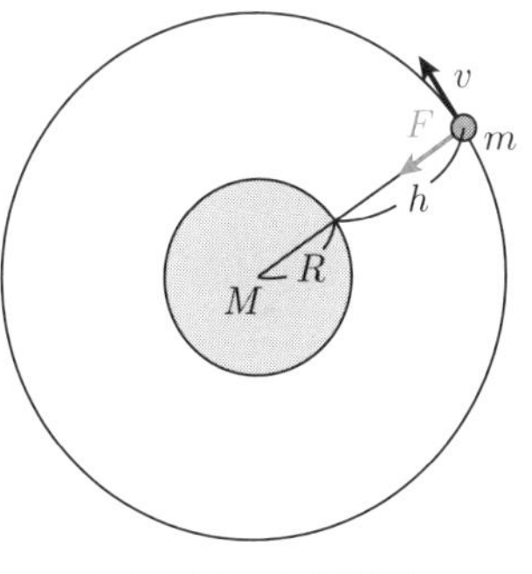

図 1.48 人工衛星

$$G\frac{mM}{(R+h)^2} = m\frac{v^2}{(R+h)} \tag{1.193}$$

となる．左辺が万有引力，右辺が向心力である．人工衛星が地球を 1 周する時間 T は**公転周期**と呼ばれ，

$$vT = 2\pi(R+h) \tag{1.194}$$

を満たす．(1.193) と (1.194) から，v を消去すると

$$\frac{T^2}{(R+h)^3} = \frac{4\pi^2}{GM} \tag{1.195}$$

となる．つまり公転周期 T の 2 乗と回転半径 $(R+h)$ の 3 乗の比は，人工衛星の質量や地上からの高さ h によらない定数になる．これは 1.7.3 項で説明するケプラーの第 3 法則の一つの例になっている．

例題 1.25

人工衛星が地上すれすれを飛ぶときの回転速度 v_1 を求めよ．

【解答】 (1.193) で，$h=0$ とすると

$$G\frac{M}{R^2} = \frac{v_1^2}{R}$$

$$\therefore \quad v_1 = \sqrt{\frac{GM}{R}} = \sqrt{gR} \tag{1.196}$$

となる．ここで，(1.191) を使った．人工衛星の回転速度が v_1 より小さいと，衛星は地球にぶつかってしまい回転できない．v_1 は**第 1 宇宙速度**と呼ばれている． □

1.7.2 万有引力の位置エネルギー

重力や弾性力に対して位置エネルギーを定義したように，万有引力にも位置エネルギーが定義できる．まず初めに，2 つの物体が直線上を動く場合を考える．図 1.49 に示したように，質量 M の物体の場所を原点 O にとり，質量 m の物体の方向を正の方向とする．このような座標の取り方をすると，原点から r の距離にある質量 m の物体の受ける万有引力は

$$F(r) = -G\frac{Mm}{r^2} \tag{1.197}$$

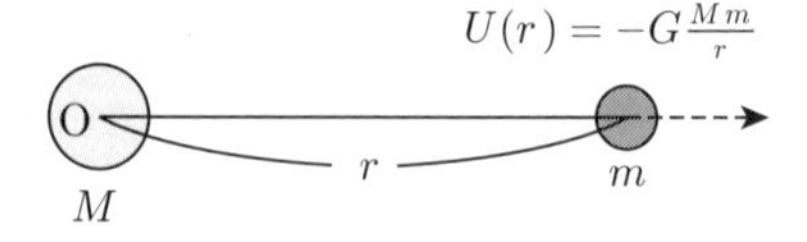

図 1.49 万有引力の位置エネルギー

となる．マイナスの符号は力が引力なので必要である．さて，1.5.3 項で注意したように，位置エネルギーは，基準となる位置を定めないと決まらない．ここでは，無限遠 $r=\infty$ で位置エネルギーが 0 となるようにする．こうすると，一般の r に対して，**万有引力の位置エネルギー** $U(r)$ は

$$U(r) = -G\frac{Mm}{r} \tag{1.198}$$

と定まる．確かに $r=\infty$ で位置エネルギーは $U(r=\infty)=0$ になっている．(1.151) より，無限遠にある質量 m の物体を r の位置に引き寄せるとき，万有引力は $0-\left(-G\frac{Mm}{r}\right)=G\frac{Mm}{r}$ の仕事をする．積分を使うと，この仕事は

$$\begin{aligned} W &= \int_{\infty}^{r} F(r)\,dr = -GMm\int_{\infty}^{r}\frac{1}{r^2}\,dr = GMm\left[\frac{1}{r}\right]_{\infty}^{r} \\ &= G\frac{Mm}{r} \end{aligned} \tag{1.199}$$

と求められる．

位置エネルギーが (1.198) で求まると，万有引力を受けて速度 $v=\frac{dr}{dt}$ で動く質量 m の物体の力学的エネルギーは

$$E = \frac{1}{2}mv^2 - G\frac{Mm}{r} = \frac{1}{2}m\left(\frac{dr}{dt}\right)^2 - G\frac{Mm}{r} \tag{1.200}$$

で定義される．重力や弾性力のように万有引力の力学的エネルギーは保存する．以下でその理由を説明するが，この部分は初めは読み飛ばしてもよい．

ステップアップ

位置エネルギーは，$F(r)$ と $U(r)$ が (1.153) と類似の関係式

$$F(r) = -\frac{d}{dr}U(r) \tag{1.201}$$

を満たすように決める．$\frac{d}{dr}\frac{1}{r}=-\frac{1}{r^2}$ なので

$$F(r) = -\frac{d}{dr}U(r) = -\frac{d}{dr}\left(-G\frac{Mm}{r}\right) = -G\frac{Mm}{r^2} \tag{1.202}$$

となる．確かに (1.201) が満たされており，(1.154)–(1.155) と同様に $\frac{d}{dt}E=0$ が示せる．E は時間によらないので，力学的エネルギー E は保存される．

さて，ここまでは直線上を動く物体を考えた．次に平面上を動く物体を考える．図 1.50 に示したように，原点 O に質量 M の物体を置き，質量 m の物体を位置ベクトル $\boldsymbol{r} = (x, y)$ の場所に置く．すると質量 m の物体の受ける万有引力はベクトルの記号を使うと

$$\boldsymbol{F}(\boldsymbol{r}) = -G\frac{Mm}{r^2}\frac{\boldsymbol{r}}{r} \tag{1.203}$$

となる．ここで $r = \sqrt{x^2 + y^2}$ である．$-\frac{\boldsymbol{r}}{r}$ は万有引力が向心力なのを表している．位置エネルギーは距離 r のみに依存し

$$U(r) = -G\frac{Mm}{r} = -G\frac{Mm}{\sqrt{x^2 + y^2}} \tag{1.204}$$

となる．実際 $\boldsymbol{r}$ と同じ方向の無限遠にある物体を $\boldsymbol{r}$ の位置に引き寄せるときに，万有引力がする仕事は $G\frac{Mm}{r} = 0 - U(r)$ であり，$\boldsymbol{r}$ の方向には依存しない．

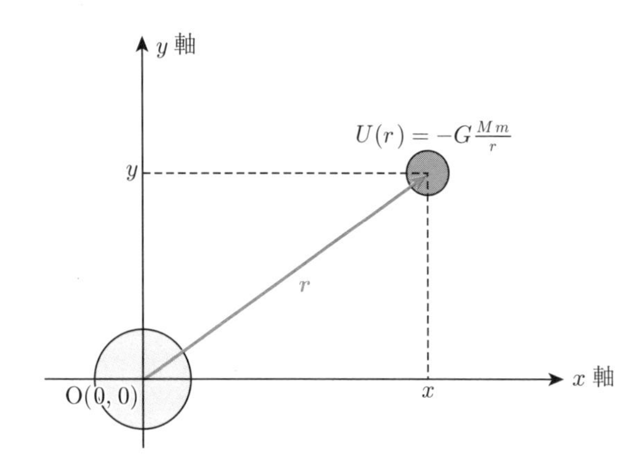

図 1.50 平面上の物体の位置エネルギー

2 次元平面上では，質量 m の物体の速度は速度ベクトル $\boldsymbol{v} = (v_x, v_y)$ で表される．運動エネルギー K は x 方向の運動エネルギー $\frac{1}{2}mv_x^2$ と y 方向の運動エネルギー $\frac{1}{2}mv_y^2$ の和になる．

$$K = \frac{1}{2}mv_x^2 + \frac{1}{2}mv_y^2 = \frac{1}{2}m(\boldsymbol{v} \cdot \boldsymbol{v}) \tag{1.205}$$

ここで $\boldsymbol{v} \cdot \boldsymbol{v} = v_x^2 + v_y^2$ は $\boldsymbol{v}$ ベクトル同士の内積である．質量 m の物体の力学的エネルギーは

$$E = \frac{1}{2}m(\boldsymbol{v}\cdot\boldsymbol{v}) - G\frac{Mm}{r}$$
$$= \frac{1}{2}m(v_x^2 + v_y^2) - G\frac{Mm}{\sqrt{x^2+y^2}} \tag{1.206}$$

で与えられる．力学的エネルギーが保存することは，直線上の運動と同様に示せる．ただし偏微分の知識が必要になるので，証明は巻末の参考文献等を見てほしい．

例題 1.25 で説明したように，人工衛星が地上すれすれを飛ぶときの回転速度は，第 1 宇宙速度 $v_1 = \sqrt{\frac{GM}{R}}$ となる．このときの人工衛星の運動エネルギーは $\boldsymbol{v}\cdot\boldsymbol{v} = v_1^2$ なので，$\frac{1}{2}mv_1^2 = \frac{1}{2}m\frac{GM}{R}$ である．位置エネルギーは $-G\frac{Mm}{R}$ なので人工衛星の持つ力学的エネルギーは

$$E = \frac{1}{2}m\frac{GM}{R} - G\frac{Mm}{R} = -\frac{1}{2}G\frac{Mm}{R} \tag{1.207}$$

と負の値を持つ．一般的に地球のまわりを回る人工衛星の力学的エネルギーは負である．それでは，ロケットを無限遠に打ち出すにはどうすればよいだろう．無限遠では，位置エネルギーは 0 なので力学的エネルギーは運動エネルギーに等しく，0 以上の値を持つ．力学的エネルギーは保存されるので，地上を発射するときのロケットの力学的エネルギーを 0 以上にすればよい．地上を発射するロケットの力学的エネルギーが 0 となる発射速度を v_2 とすると

$$E = \frac{1}{2}mv_2^2 - G\frac{Mm}{R} = 0$$
$$\therefore \quad v_2 = \sqrt{2\frac{GM}{R}} = \sqrt{2gR} \tag{1.208}$$

となる．v_2 は**第 2 宇宙速度**と呼ばれる．地球を発射するロケットの初速度が v_2 より大きいと，ロケットは宇宙に飛び出す．

1.7.3 ケプラーの法則

望遠鏡が発見される以前の 16 世紀後半，ティコ ブラーエは星の観測を肉眼で行ない，当時としては最も精密な観測データを得た．ティコがなくなる 2 年前に助手となったケプラーは，その膨大な観測データを整理し，太陽をまわる惑星の運動についての “ケプラーの法則” を発見した．

ケプラーの法則

- 第1法則　惑星は太陽のまわりを**楕円運動**する．太陽は**楕円の焦点**の一つになる．
- 第2法則　惑星が太陽のまわりを運動するとき，面積速度は一定である．
- 第3法則　楕円運動の周期 T の2乗と，楕円の**長半径** a の3乗の比 $\frac{T^2}{a^3}$ はどの惑星でも同じ値を持つ．

ケプラーの法則を理解するには，楕円の知識が必要なので以下にまとめる．

楕円の性質1

図1.51にあるように，楕円は2つの点 F_1 と F_2 からの距離の和が一定となる点Pを結んだ曲線である．点 F_1 と F_2 は楕円の焦点と呼ばれる．距離の和を $2a$，楕円の中心をCとする．Cから最も離れた点をA, Bとすると，ACの距離とBCの距離は等しく a になる．a は楕円の長半径と呼ばれる．

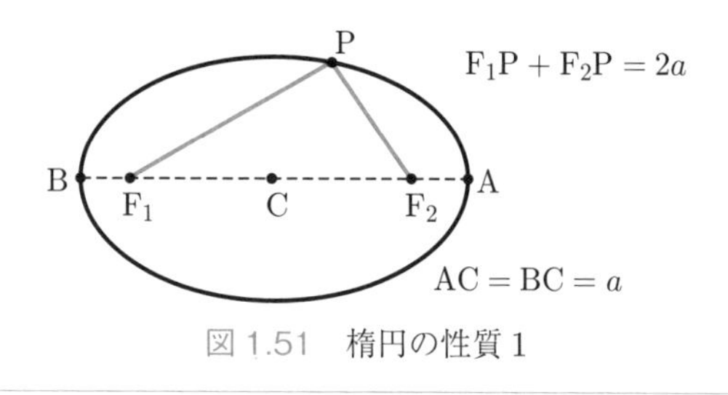

図1.51　楕円の性質1

ニュートンはケプラーの法則を説明するために，運動の法則と万有引力を発見した．運動の法則は微分を用いているが，微分積分もニュートンによって運動方程式を解くために発明された．ニュートンによればケプラーの第2法則は次のように説明される．太陽は楕円の焦点に静止しており，惑星は太陽のまわりを運動する．太陽と惑星の間には万有引力がはたらく．万有引力は向心力なので，1.4.5項で説明したように惑星の面積速度は一定になる．ケプラーの第3法則も，惑星の運動が円運動のときは，(1.195)から導かれる．ただし第1法則と，一般の楕円に対する第3法則を説明するには，楕円に関する知識がさらに必要になるので，この後のステップアップは初めは読み飛ばしてもかまわない．

ステップアップ **ケプラーの第1法則と第3法則**

楕円の性質2

図1.52 (a) にあるように，線分 F_1F_2 と F_1P のなす角度を θ とし，F_1P の距離を r する．2つの焦点 F_1F_2 間の距離は $2a$ より短いので，この距離を $2\epsilon a$（$\epsilon < 1$）とおく．楕円の定義から F_1P の距離と F_2P の距離の和は $2a$ なので，F_2P の距離は $2a - r$ となる．一方，$(2a-r)^2$ は三角形 F_1F_2P の辺 F_2P に関する余弦定理を用いて

$$(2a-r)^2 = r^2 + (2\epsilon a)^2 - 2r \cdot 2\epsilon a \cdot \cos\theta \tag{1.209}$$

と表される．この式を r について解くと

$$r = \frac{a(1-\epsilon^2)}{1-\epsilon\cos\theta} \tag{1.210}$$

となる．$\theta = \frac{\pi}{2}$ のときの点Pを H とする．このときの r を ℓ とすると，$\ell = a(1-\epsilon^2)$ である．ℓ は F_1H の距離になっている．ℓ を用いると (1.210) は

$$r = \frac{\ell}{1-\epsilon\cos\theta} \tag{1.211}$$

となる．図1.52 (b) にあるように，楕円上で C から最も近い点を I, J とする．点Pが点Iと一致するときを考えると，三平方の定理により CI の距離 b は

$$b^2 = a^2 - (\epsilon a)^2 = a\ell \tag{1.212}$$

で与えられる．a と b を用いると楕円の面積は πab となる．

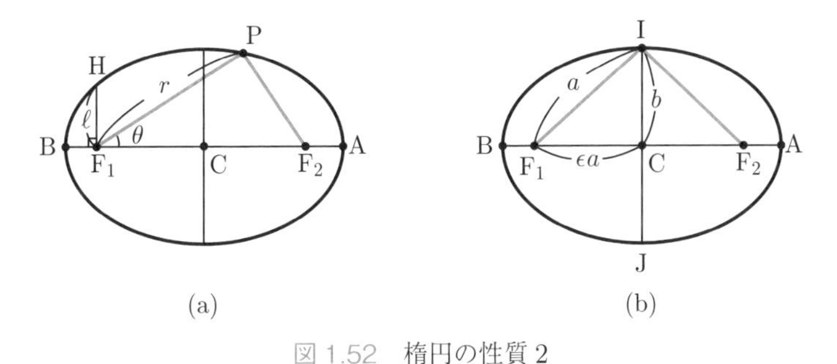

図1.52 楕円の性質2

太陽の質量を M，惑星の質量を m とする．太陽は焦点 F_1 に静止しており，惑星はそのまわりを運動している．焦点 F_1 を座標の原点にとり，点Aの方向を x 軸，点Hの方向を y 軸にとる．点Pを位置ベクトルで表すと $\boldsymbol{r} = (x, y) = (r\cos\theta, r\sin\theta)$

であり，速度ベクトルは $\boldsymbol{v} = (v_x, v_y) = \left(\frac{dr}{dt}\cos\theta - r\frac{d\theta}{dt}\sin\theta, \frac{dr}{dt}\sin\theta + r\frac{d\theta}{dt}\cos\theta\right)$ となる．これらの式を用いて力学的エネルギー (1.206) と面積速度 (1.117) を r, $\frac{dr}{dt}$, $\frac{d\theta}{dt}$ を用いて表すと

$$E = \frac{1}{2}m\left\{\left(\frac{dr}{dt}\right)^2 + r^2\left(\frac{d\theta}{dt}\right)^2\right\} - G\frac{Mm}{r} \tag{1.213}$$

$$v_S = \frac{1}{2}r^2\frac{d\theta}{dt} \tag{1.214}$$

となる．(1.214) を使うと，(1.213) から $\frac{d\theta}{dt}$ を消去することができる．

$$E = \frac{1}{2}m\left\{\left(\frac{dr}{dt}\right)^2 + \frac{4v_S^2}{r^2}\right\} - G\frac{Mm}{r} \tag{1.215}$$

(1.214) を使うと $\frac{dr}{dt}$ は

$$\frac{dr}{dt} = \frac{dr}{d\theta}\frac{d\theta}{dt} = \frac{2v_S}{r^2}\frac{dr}{d\theta} \tag{1.216}$$

と $\frac{dr}{d\theta}$ で書ける．(1.216) を用いて (1.215) を $\frac{dr}{d\theta}$ の 2 乗で表し，そののちに $\frac{dr}{d\theta}$ について解くと

$$\frac{dr}{d\theta} = \pm\frac{r^2}{2v_S}\sqrt{\frac{2}{m}\left(E + \frac{GMm}{r} - \frac{2mv_S^2}{r^2}\right)} \tag{1.217}$$

となる．この式は積分することができ

$$r = \frac{\ell}{1 - \epsilon\cos(\theta - \theta_0)} \tag{1.218}$$

となる．ここで ℓ と ϵ はそれぞれ

$$\ell = \frac{4v_S^2}{GM} \tag{1.219}$$

$$\epsilon = \sqrt{1 + \frac{8Ev_S^2}{G^2mM^2}} \tag{1.220}$$

で与えられる．積分の求め方は巻末の参考文献等を見てほしい（ただし解の正しさは，(1.218) を θ で微分し (1.217) と比べれば確かめられる)．θ_0 は任意定数であるが，$\theta = 0$ のときに r が最大になるように条件を付けると $\theta_0 = 0$ となり，(1.218) は (1.211) と一致する．つまり，惑星は太陽を焦点とした楕円上を運動する．これで，ケプラーの第 1 法則が示されたことになる．

惑星は公転周期 T の間に，面積速度 v_S で楕円の面積 πab をおおうので

$$T = \frac{\pi ab}{v_S} = \frac{\pi a\sqrt{a\ell}}{v_S} = \frac{2\pi a^{3/2}}{\sqrt{GM}} \tag{1.221}$$

となる．ここで $b=\sqrt{a\ell}$ と (1.219) を用いた．(1.221) を書き直すと

$$\frac{T^2}{a^3}=\frac{4\pi^2}{GM} \tag{1.222}$$

となり，$\frac{T^2}{a^3}$ はどの惑星でも同じ値を持つ．これが，ケプラーの第 3 法則である．

1.8 剛　　体

1.8.1 剛体の並進運動と回転運動

ここまで取り扱ってきたのは，力が物体のどこに作用するかを考えなくてよい現象だった．しかし，物体には大きさがあり，常にこのような取り扱いができるわけではない．図 1.53 に示したように，背の高いロッカーが床に置かれているとしよう．床はなめらかではなく，摩擦があるとする．このときロッカーを移動させるには 2 つの方法がある．一つ目は図 1.53 (a) のように，ロッカーの下の方を手で押してロッカーを立てたまま移動させる方法である．しかしこれでは床を傷つけてしまう．そこで二つ目として図 1.53 (b) のように，ロッカーの上の方を押して傾け，上と下を 2 人で持って移動させる方法がある．大掃除ではよくすることだと思うが，それでは (a) と (b) の違いはどこから来るのだろう．これを考えるのがこの節の目的である．なお，大きさのある物体といってもロッカーのように押しても形が変形しないものもあれば，スポンジのように押せば簡単に形が変わるものもある．力を加えても形が変わらない物体は**剛体**と呼ばれる．この節で考えるのは剛体の運動である．

剛体の運動には，図 1.53 (a) のように剛体が向きを変えずに移動する**並行運動**と，図 1.53 (b) のようにある点のまわりを回転する**回転運動**がある．図 1.53 (b)

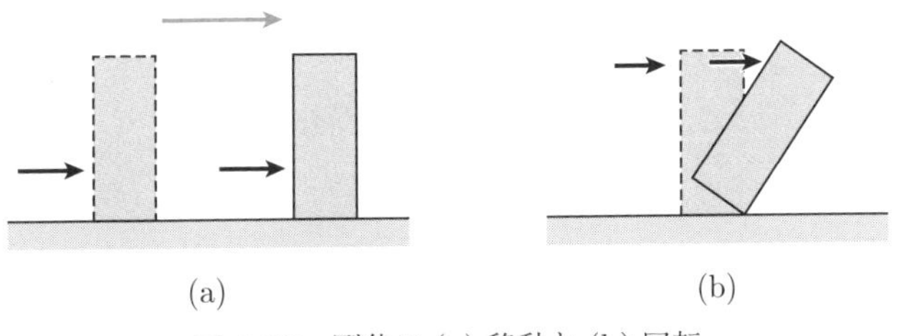

図 1.53　剛体の (a) 移動と (b) 回転

の例では，ロッカーは右下のかどのまわりに回転する．剛体が並行移動しかしないときは剛体の大きさを考える必要はなく，したがって質点として扱える．しかし剛体が回転運動できるときは，力が剛体のどこに作用するかが問題になる．

1.8.2 力のモーメント

図 1.54 のように棒の中心に穴をあけ支点 O で支える．棒は上下方向には動かないが，支点 O のまわりに鉛直方向に回転する．棒には中心以外にも穴があいていて，おもりをつるすことができる．支点 O より左側につるされたおもりの力 F_{A} は棒を反時計回りに，また支点より右側の力 F_{B} は棒を時計回りに回転させようとする．ただし，おもりの重さや支点からの距離を色々に変えてやると，$F_{\mathrm{A}}, F_{\mathrm{B}}, \ell_{\mathrm{A}}, \ell_{\mathrm{B}}$ が

$$F_{\mathrm{A}}\ell_{\mathrm{A}} = F_{\mathrm{B}}\ell_{\mathrm{B}} \tag{1.223}$$

の関係を満たすと棒は回転しないことが分かる．力 F と支点からの距離 ℓ の積 $F\ell$ は**力のモーメント** M と呼ばれ，力が物体を回転させる能力を表す物理量になる．力のモーメントには符号があり，物体を反時計回りに回転させようとするときは正，時計回りに回転させようとするときは負の値を持つ．今の例では，正と負の力のモーメントがつり合って全体のモーメントが 0 になり，物体は回転しない．したがってつり合いのことを考えると (1.223) は

$$F_{\mathrm{A}}\ell_{\mathrm{A}} + (-F_{\mathrm{B}}\ell_{\mathrm{B}}) = 0 \tag{1.224}$$

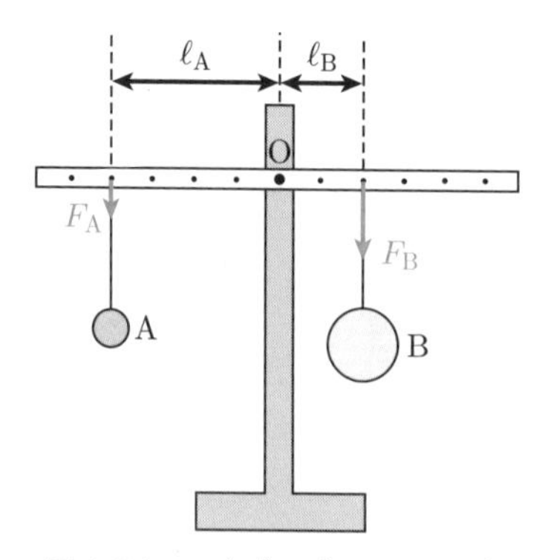

図 1.54 つり合いとモーメント

と書く方が物理的意味が明確になる.

次に図 1.55 (a) にあるように，剛体を点 O のまわりに 2 次元平面上で回転させることを考える．力の作用する場所を点 P とし，点 O からの位置ベクトル $\boldsymbol{r}$ で指定する．図 1.54 の例では，棒の方向と力の方向は直交していたが，ここでは位置ベクトル $\boldsymbol{r}$ と力のベクトル $\boldsymbol{f}$ のなす角は一般に θ とする．このとき，力のモーメント M は

$$M = rf\sin\theta = \boldsymbol{r}\times\boldsymbol{f} \tag{1.225}$$

で与えられる．r, f はベクトル $\boldsymbol{r}$, $\boldsymbol{f}$ の大きさであり，最後の式の $\times$ は 1.4.4 項で説明した外積である．位置ベクトル $\boldsymbol{r}$ と力のベクトル $\boldsymbol{f}$ が直交するときは，$\sin\theta = 1$ であり，$M = rf$ となる．外積は 2 次元平面では実数であるが，3 次元空間ではベクトルになる．したがって，力のモーメントも 3 次元空間ではベクトル $\boldsymbol{M}$ で表される．(1.225) の詳しい導出法は 1.8.5 項で角運動量を定義してから行う.

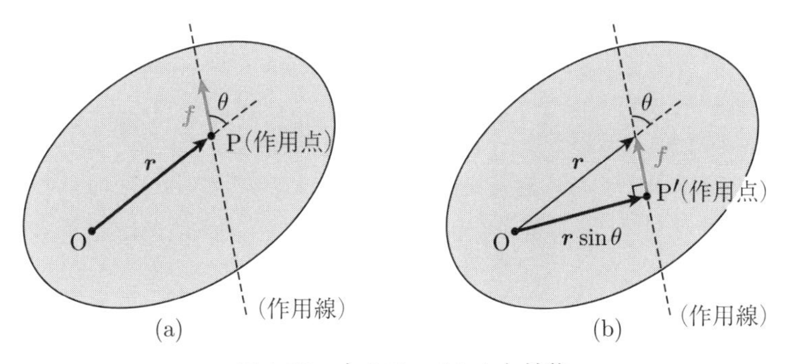

図 1.55　力のモーメントと外積

剛体内で力が加わる点を**力の作用点**，また作用点からベクトル $\boldsymbol{f}$ の方向にのびる直線を**力の作用線**という．力のモーメントの定義 (1.225) から明らかなように，力の加わる場所を作用線上の他の場所に移しても M の値は変化しない．例えば図 1.55 (b) では，作用線上に点 P' を線分 OP' が作用線と垂直になるように定義した．力を点 P' に作用させても，線分 OP' の長さは $r\sin\theta$ なので力のモーメントの大きさは変わらない．つまり剛体の運動を考えるときには，力がどの作用線上に作用するかが重要になる.

剛体にいくつかの力 $\boldsymbol{f}_1, \boldsymbol{f}_2, \ldots, \boldsymbol{f}_n$ が加わるとき，剛体が回転しないためにはそれぞれの力のモーメント $M_1, M_2, \ldots, M_n$ の和が0になる必要がある：

$$M_1 + M_2 + \cdots + M_n = \sum_{i=1}^{n} M_i = 0 \tag{1.226}$$

さらに剛体が2次元平面上を移動しないためには，力はつり合っていなければならない：

$$\boldsymbol{f}_1 + \boldsymbol{f}_2 + \cdots + \boldsymbol{f}_n = \sum_{i=1}^{n} \boldsymbol{f}_i = \boldsymbol{0} \tag{1.227}$$

(1.227) はベクトルの関係式なので，x 方向と y 方向の2つの条件を含んでいる．(1.226) と合わせると，剛体が静止するためには，これら3つの条件が満たされる必要がある．

ステップアップ

(1.226) で，力のモーメントを定義するには，回転の中心Oを定めないといけない．ただし，力が (1.227) を満たせば，中心の位置は剛体の中であればどこにとってもよい．実際，図1.56にあるように，$\boldsymbol{R}$ ベクトルだけ離れた2つの点をOとO$'$とする．i 番目の力の位置が点Oから測って $\boldsymbol{r}_i$ だとすると，点O$'$からは $\boldsymbol{r}'_i = \boldsymbol{r}_i - \boldsymbol{R}$ となる．点OおよびO$'$からの i 番目の力のモーメントを M_i および M'_i とすると

$$\begin{aligned}
\sum_{i=1}^{n} M'_i &= \sum_{i=1}^{n} \boldsymbol{r}'_i \times \boldsymbol{f}_i = \sum_{i=1}^{n} (\boldsymbol{r}_i - \boldsymbol{R}) \times \boldsymbol{f}_i \\
&= \sum_{i=1}^{n} \boldsymbol{r}_i \times \boldsymbol{f}_i - \boldsymbol{R} \times \sum_{i=1}^{n} \boldsymbol{f}_i \\
&= \sum_{i=1}^{n} M_i - \boldsymbol{R} \times \sum_{i=1}^{n} \boldsymbol{f}_i
\end{aligned} \tag{1.228}$$

であるが (1.227) を用いると最後の式の第2項は消えてしまい

$$\sum_{i=1}^{n} M'_i = \sum_{i=1}^{n} M_i \tag{1.229}$$

となる．右辺が0なら左辺も0となるので回転の中心はどこにとってもかまわない．ここで外積が分配則 $\boldsymbol{a} \times \boldsymbol{b} + \boldsymbol{a} \times \boldsymbol{c} = \boldsymbol{a} \times (\boldsymbol{b} + \boldsymbol{c})$ を満たすことを使った．

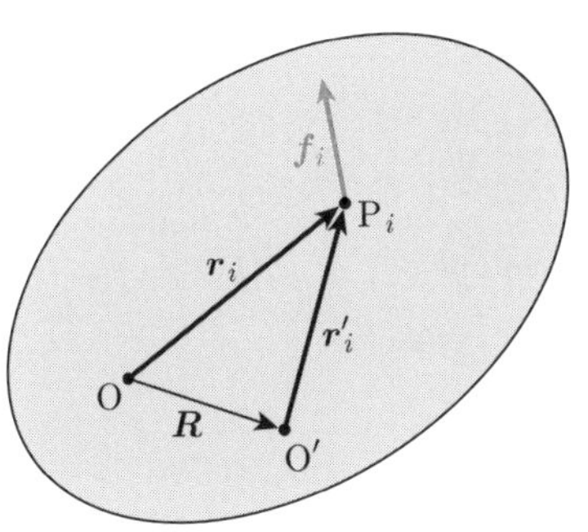

図 1.56　回転の中心の位置

例題 1.26

図 1.57 のように，長さ ℓ の軽い棒の両端 A, B にそれぞれ質量が m_A, m_B のおもりをつるした．ばね定数 k の軽いばねを点 O に付け天井につるしたところ棒は平行になって静止した．重力加速度を g として，

(1)　ばねの伸びの大きさを求めよ．

(2)　AO 間の距離 ℓ_A を求めよ．

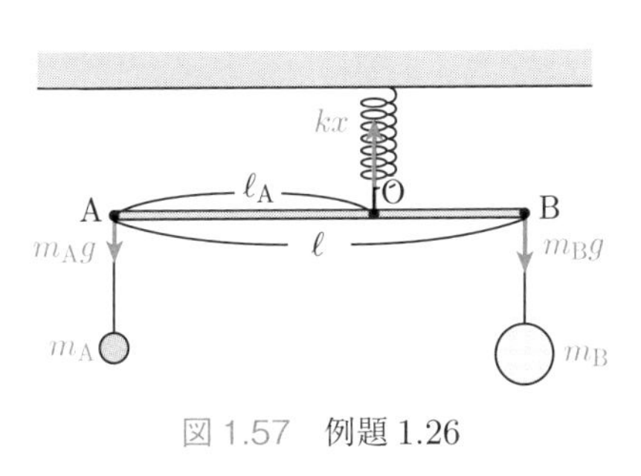

図 1.57　例題 1.26

【解答】 (1)　棒は平行移動しないので，垂直方向の力のつり合いが成り立つ．質量が m_A, m_B のおもりの重力は鉛直下向きに m_Ag, m_Bg となる．ばねの伸びを x とすると，点 O でのばねの弾性力は垂直上向きに kx である．これらの力がつり合うので

$$m_Ag + m_Bg - kx = 0$$

$$\therefore \quad x = \frac{(m_A + m_B)g}{k} \tag{1.230}$$

となる.

(2) 棒は回転しないので，力のモーメントがつり合っている．モーメントの中心を点Oにとると，モーメントのつり合いの式は

$$m_A g \ell_A - m_B g(\ell - \ell_A) = 0 \tag{1.231}$$

となる．この式を ℓ_A について解くと

$$\ell_A = \frac{m_B}{m_A + m_B}\ell \tag{1.232}$$

となる．つり合いの式は，モーメントの中心を点Aや点Bにとっても作れる．例えば点Aをモーメントの中心にとると

$$kx\ell_A - m_B g\ell = (m_A g + m_B g)\ell_A - m_B g\ell = 0 \tag{1.233}$$

となる．ここで(1.230)を用いた．(1.233)を解いても(1.232)が得られる．

□

1.8.3 剛体にはたらく力の合成

2つの力 $\boldsymbol{f}_1$ と $\boldsymbol{f}_2$ が剛体にはたらくときを考えよう．力はベクトルなので合力は $\boldsymbol{f} = \boldsymbol{f}_1 + \boldsymbol{f}_2$ で与えられる．では，合力 $\boldsymbol{f}$ が作用する作用点と作用線はどこになるだろう．

はじめに2つの力が平行でない場合を考える．図1.58に示したように，力が平行でないときは作用線も平行ではないので，作用線は必ず交点Pで交わる．この点を合力の作用点とし，合力の方向に作用線をとればよい．交点Pが剛体の外に作られるときは，合力の作用線上で剛体の内部にある点を作用点と

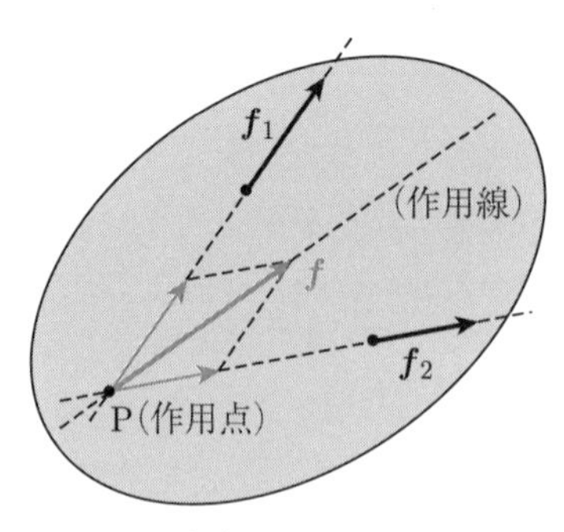

図1.58 合力の作用点と作用線1

すればよい．

次に 2 つの力が平行な場合を考える．図 1.59 に示したように，軽い棒の両端に平行な力 $\boldsymbol{f}_1$ と $\boldsymbol{f}_2$ がはたらくとする．合力の作用点を求めるには 3 番目の力 $\boldsymbol{f}_3$ を考え

$$M_1 + M_2 + M_3 = 0 \tag{1.234}$$

$$\boldsymbol{f}_1 + \boldsymbol{f}_2 + \boldsymbol{f}_3 = \boldsymbol{0} \tag{1.235}$$

となるように，力 $\boldsymbol{f}_3$ の作用点 P を求める．明らかに合力は $\boldsymbol{f} = -\boldsymbol{f}_3$ である．合力の作用点を点 P に選べば，点 P での $\boldsymbol{f}_3$ のモーメント M_3 は 0 なので，(1.234) は $M_1 + M_2 = 0$ となる．ℓ_1, ℓ_2 を図 1.59 に示したように選べば，$M_1 + M_2 = 0$ の条件は

$$f_1\ell_1 = f_2\ell_2 \tag{1.236}$$

と書かれる．これが点 P の位置を求める式になる．

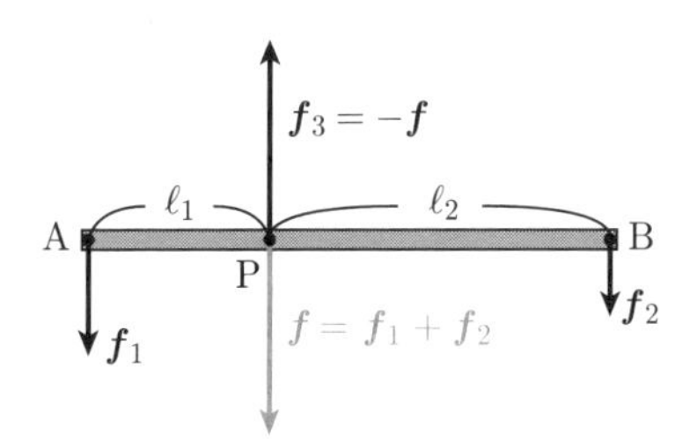

図 1.59　合力の作用点と作用線 2

1.8.4 重力の合力と重心

身のまわりにある平行な力の中で，最も重要なのは重力である．図 1.60 に示したように，軽い棒に質量が m_1 と m_2 の 2 つの小物体を付ける．2 つの物体の重力は平行で鉛直下向きにはたらく．物体の位置を x_1, x_2，重力の合力の位置を x_G とする．(1.236) で，$f_1 = m_1 g$, $f_2 = m_2 g$ および $\ell_1 = x_\mathrm{G} - x_1$, $\ell_2 = x_2 - x_\mathrm{G}$ と置くと

$$m_1 g(x_\mathrm{G} - x_1) = m_2 g(x_2 - x_\mathrm{G}) \tag{1.237}$$

となるが，この式を x_G について解くと

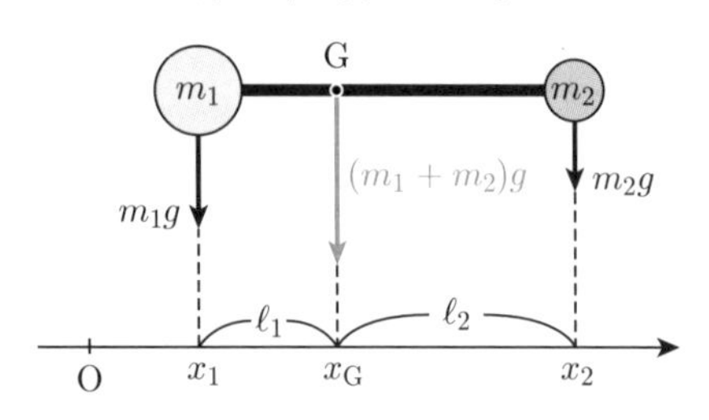

図 1.60 重力の合力と重心

$$x_{\rm G} = \frac{m_1x_1 + m_2x_2}{m_1 + m_2} \tag{1.238}$$

となる．この式は 1.6.3 項で説明した重心の定義 (1.177) と等しい．つまり重力の作用点は**重心**であり，これが $x_{\rm G}$ が“重心”と呼ばれる理由になっている．小物体が一般に n 個ある場合も，重力の作用点は重心になる．重心を表す式は

$$x_{\rm G} = \frac{m_1x_1 + m_2x_2 + \cdots + m_nx_n}{m_1 + m_2 + \cdots + m_n} \tag{1.239}$$

となる．ここで i 番目の物体の位置を x_i，質量を m_i とした．

小物体が 2 次元平面や 3 次元空間に広がっているときも，重力の作用点は全体の重心になる．重心の位置ベクトル $\boldsymbol{r}_{\rm G}$ は (1.184) を n 個の小物体に拡張し

$$\boldsymbol{r}_{\rm G} = \frac{m_1\boldsymbol{r}_1 + m_2\boldsymbol{r}_2 + \cdots + m_n\boldsymbol{r}_n}{m_1 + m_2 + \cdots + m_n} \tag{1.240}$$

となる．ここで $\boldsymbol{r}_i$ は i 番目の小物体の位置ベクトルである．

剛体にはたらく重力を考えるには，剛体を非常に小さな物体の集まりと考えるのが便利である．それぞれの小物体には鉛直下向きに平行な重力がはたらく．その合力が剛体全体にはたらく重力になるが，重力の作用点は剛体の重心になる．均一な材料で作られた剛体の重心は剛体の中心と一致する．剛体の運動を考えるときには，剛体の重力は重心のみにはたらくとしてよい．

これで用意ができたので，この節のはじめに述べたロッカーの問題を考えよう．ただしロッカーは一様ではないので，均一な材料で作られた立方体の剛体を考える．図 1.61 (a) に示したように，剛体の高さを a，幅を b，質量を M とする．床と立方体の間には摩擦があるとする．床から x の高さのところに，左から外力 F をかける．外力の大きさははじめは小さくしておき，徐々に大きくする．静止摩擦係数 μ は十分大きく，剛体は滑らないとする．水平方向の力の

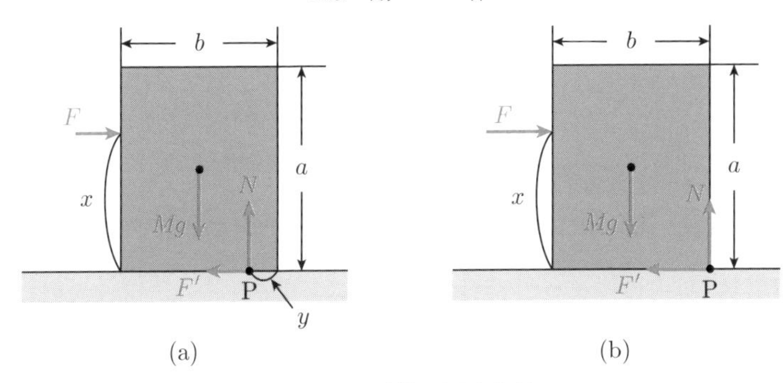

図 1.61 剛体が傾く条件

つり合いから，外力の大きさ F と静止摩擦力の大きさ F' は等しい（$F = F'$）．また垂直方向の力のつり合いから，重力の大きさ Mg と垂直抗力の大きさ N は等しい（$Mg = N$）．重力は剛体の中心に作用する．議論を簡単にするために，摩擦力と垂直抗力は剛体の底の点 P に作用すると考える．点 P と剛体の右下までの距離を y とすると，点 P のまわりの力のモーメントのつり合いより

$$Mg\left(\frac{b}{2} - y\right) = Fx$$

$$\therefore \quad y = \frac{b}{2} - \frac{Fx}{Mg} \tag{1.241}$$

となる．力のモーメントは図 1.55 (b) で説明した方法を使って求めた．静止摩擦力と垂直抗力はモーメントには寄与しない．ここで外力 F を大きくしていくと，

$$F_1 = \frac{b}{2}\frac{Mg}{x} \tag{1.242}$$

のところで $y = 0$ になる．この状態を図 1.61 (b) に示した．y は負にならないので，外力を F_1 以上加えると，剛体は点 P を中心に転倒してしまう．

さて外力をはじめの小さな値に戻し，次に静止摩擦力が有限な場合を考える．静止摩擦力は $F_2 = \mu Mg$ より大きな値は持てない．$F_2 < F_1$ であれば剛体に F_2 より大きく F_1 より小さい力を加えれば転倒せずに右に滑り出す．$F_2 < F_1$ の条件を書き直すと

$$\mu Mg < \frac{b}{2}\frac{Mg}{x} \tag{1.243}$$

である．x が小さければ右辺は大きくなるので，剛体を倒さずに平行移動できる．逆に x が大きければ右辺は小さいので，剛体が滑るまえに傾けることができる．

1.8.5 角 運 動 量[3]

1.4.5 項で，原点 O のまわりを回転する質点の面積速度 v_S について説明した．外積を用いると v_S は

$$v_S = \frac{1}{2}\boldsymbol{r} \times \boldsymbol{v} \tag{1.244}$$

で与えられる．中心力のもとで面積速度は一定であるが，その他の力では面積速度は時間とともに変化する．ここでは 2 次元平面上の運動についてこれを説明する．

物体の回転を一般的に議論するには，面積速度より**角運動量**を用いる方が良い．質量 m の質点の角運動量 L は

$$L = 2mv_S = \boldsymbol{r} \times m\boldsymbol{v} = \boldsymbol{r} \times \boldsymbol{p} \tag{1.245}$$

で与えられる．ここで，$\boldsymbol{r}$ は原点 O から見た質点の位置ベクトル，そして $\boldsymbol{p} = m\boldsymbol{v}$ は質点の運動量である．角運動量の定義の中に外積が含まれることから分かるように，2 次元平面では角運動量は実数であるが，3 次元空間では角運動量はベクトルになる．

さて角運動量の時間変化を，(1.119) と同様の方法で調べてみよう．角運動量の時間微分をとると

$$\begin{aligned}\frac{d}{dt}L &= \frac{d}{dt}(r_x p_y - r_y p_x) \\ &= \left(\frac{dr_x}{dt}p_y + r_x\frac{dp_y}{dt} - \frac{dr_y}{dt}p_x - r_y\frac{dp_x}{dt}\right)\end{aligned} \tag{1.246}$$

となる．ここで $\frac{dr_x}{dt} = v_x$，$\frac{dr_y}{dt} = v_y$ であり，また運動方程式 (1.168) から

$$\frac{dp_x}{dt} = f_x, \quad \frac{dp_y}{dt} = f_y \tag{1.247}$$

なので (1.246) は

$$\begin{aligned}\frac{d}{dt}L &= (v_x p_y + r_x f_y - v_y p_x - r_y f_x) \\ &= (r_x f_y - r_y f_x) = \boldsymbol{r} \times \boldsymbol{f} = M\end{aligned} \tag{1.248}$$

[3] この項は初めは読み飛ばしてもかまわない．

となる．ここで $\boldsymbol{p} = m\boldsymbol{v}$ を用いた．つまり，角運動量の時間微分は**力のモーメント**に等しい．これが力のモーメントの物理的意味である．ここでは詳しい説明はしないが，剛体についても角運動量が定義できる．剛体の角運動量の時間微分は外力のモーメントの和に等しい．剛体が回転しないための条件 (1.226) は，剛体の角運動量が 0 のまま変化しないための条件である．詳しいことは巻末の参考文献等を見てほしい．

演　習　問　題

演習 1　図 1.62 にあるように，地上から高さ h の台に置いてある物体 A を初速度 0 で自由落下させると同時に，台から距離 ℓ 離れた地上に置かれた物体 B を，角度 θ の方向に速さ v で打ち出す．その後，物体 A と B が衝突するための条件を求めよ．ただし h は十分大きく，2 つの物体が衝突する前に，物体が地面に落下することはない．

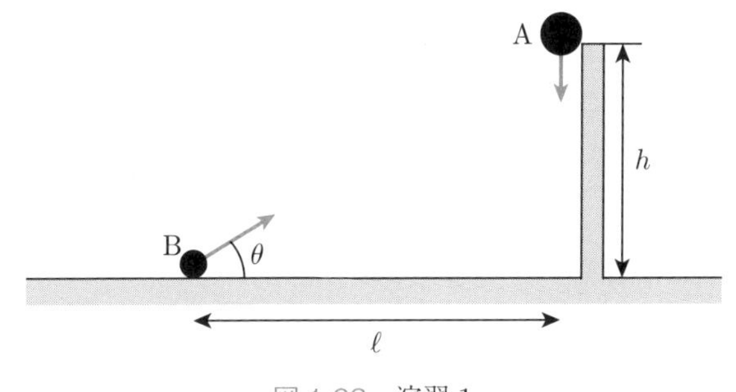

図 1.62　演習 1

演習 2　図 1.63 にあるように，なめらかな床の上に質量 m_1 の物体 1 を置き，さらに物体 1 の上に質量 m_2 の物体 2 を置いた．物体 2 に F の力を加えたところ，物体 1 と 2 はそれぞれ動き出した．物体 1 と物体 2 の間の動摩擦係数を μ' とする．物体 1 と物体 2 の加速度 a_1, a_2 および 2 つの物体の重心 x_G の加速度 a_G を求めよ．

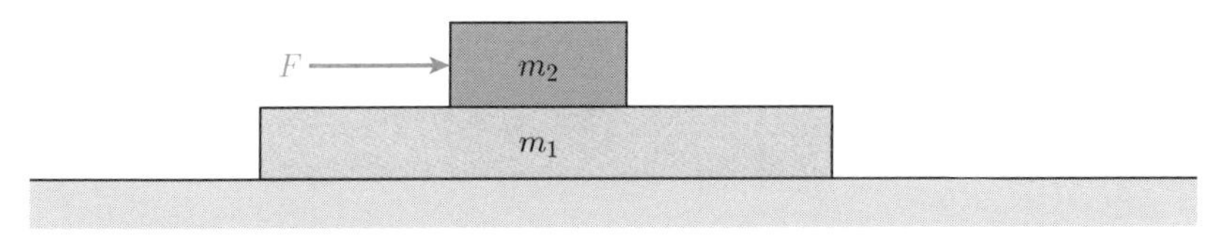

図 1.63　演習 2

演習 3　半径 r のなめらかな半円形の台の頂点から，質量 m の物体を初速度 0 で台に沿って落下させる．しばらくの間，物体は台に沿って落ちるが，図 1.64 の角度 θ がある値 θ_0 になると，物体は台から離れ自由落下を始める．$\cos\theta_0$ を求めよ．

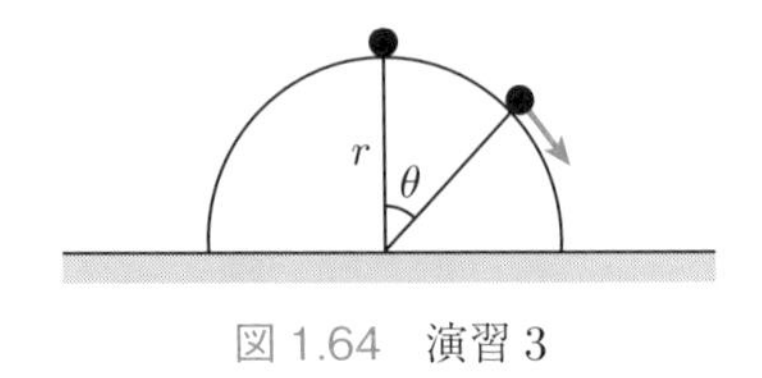

図 1.64　演習 3

演習 4　図 1.65 にあるように，質量が m_1 と m_2 の 2 つの物体 1 と 2 を，ばね定数が k で自然長が ℓ のばねで結びなめらかな床の上に置く．時刻 $t=0$ でそれぞれの物体に $v_{1,0}$ と $v_{2,0}$ の速度を与えるとき，2 つの物体がその後どのような運動をするかを考えよ．

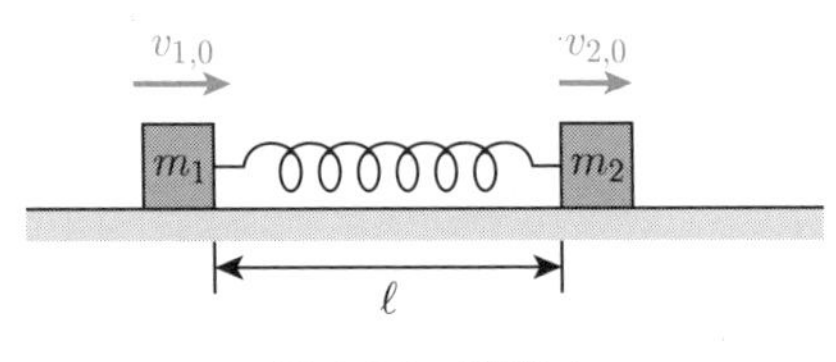

図 1.65　演習 4

演習 5　図 1.66 にあるように，床に固定された半径 r の半円柱に長さ L の棒を立てかける．半円柱の表面はなめらかであるが，棒と床との間には静止摩擦係数が μ の摩擦がある．棒と床との角度を θ とするとき，棒が滑り落ちないための，棒の長さの範囲を求めよ．

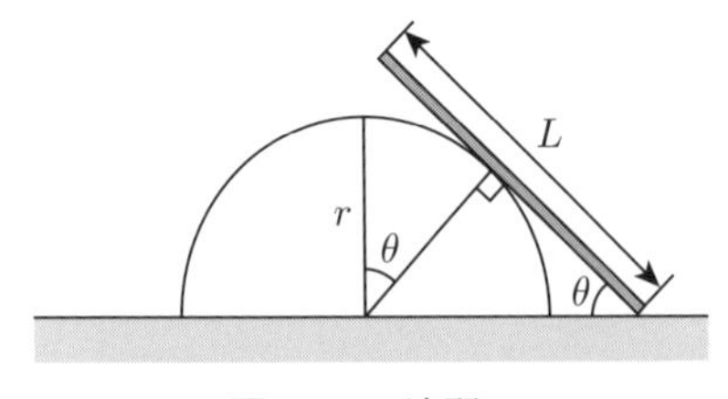

図 1.66　演習 5

演習 6　赤道上空をまわる人工衛星の公転周期が 1 日のとき，地上から見ると衛星は静止している．このような衛星を静止衛星と呼ぶ．人工衛星が静止衛星となるための，人工衛星の地上からの高さ h を求めよ．

第 2 章

熱　力　学

物質は多数の分子からできているが，物質の性質は個々の分子の運動を知らなくても調べることができる．実際物質の状態は，体積や温度などのいくつかの物理量を定めれば決まってしまう．熱力学の目的は，物理量同士の関係を用いて，物質の巨視的な性質を研究することである．熱力学には，熱力学第 1 法則と熱力学第 2 法則と呼ばれる 2 つの法則がある．熱力学第 1 法則は力学におけるエネルギー保存則の自然な拡張になっている．熱力学第 2 法則からは，熱力学的な変化には，引き返すことのできない不可逆的な過程があることが導かれる．

 2.1 温 度 と 熱 量

2.1.1 温　　度

我々は日常生活の中で“このお湯は 90 度もありかなり熱い”などというように，物質の熱さや冷たさを表すのに温度を用いる．通常使われている温度は，**セルシウス温度**と呼ばれる温度で例えば「90 °C」などと表し，1 気圧での水の状態変化を基に数値が定められている．つまり，水が氷になる温度を 0 °C とし，水が沸騰する温度を 100 °C とする．そしてこの 2 つの温度差を百等分したものを 1 °C とする．0 °C 以下の温度は，負の符号を付けて表す．例えば 0 °C から 10 度低い温度は −10 °C である．

すべての物質は分子からできているが，分子は常に不規則な運動をしている．これを**熱運動**という．例えば煙を顕微鏡で見ると，図 2.1 のように煙の粒子が細かく揺れ動くのが観測される．これは

図 2.1　ブラウン運動の数値シミュレーション

熱運動をしている空気中の分子が，不規則に煙の粒子と衝突するために起こる現象で，**ブラウン運動**と呼ばれる．物体の温度を上げると熱運動は激しくなる．逆に温度を下げると，熱運動は弱まる．そして $-273.15\ ^\circ\mathrm{C}$ で熱運動が最も小さくなり，それ以下に温度を下げることはできない．詳しくは巻末の参考文献等を見てほしい．そこでセルシウス温度 t [°C] に 273.15 を加えた温度を新しく**絶対温度** T と定義する．式で書けば

$$T = t + 273.15 \tag{2.1}$$

である．絶対温度はケルビン（K）という単位で表す．絶対温度は負にならないので，理論的な考察が楽になる．このテキストでは適宜，セルシウス温度と絶対温度を使い分けることにする．

2.1.2 熱 量

熱運動は高温で激しくなり，分子の持つ運動エネルギーは大きくなる．このエネルギーは**内部エネルギー**または**熱エネルギー**と呼ばれる．高温の物体と低温の物体を接触させると，高温の物体の温度が下がり，低温の物体の温度が上がる．このとき，高温の物体から低温の物体に，熱エネルギーが移動する．通常この熱エネルギーの移動は熱の移動，そして運ばれた熱は**熱量**と呼ばれる．熱の正体はエネルギーなので，熱量の単位はジュール（$\mathrm{J = N \cdot m}$）である．

カロリーについて

熱量の単位としてカロリー（cal）という単位が使われることがある．1 カロリーは 1 g の水を 1 °C 上げるのに必要な熱量に相当するが，国際単位（付録 A 参照）として定められたものではない．日本では法律（計量法）によって 1 カロリーは 4.184 J と定められている．またその用途も「人若しくは動物が摂取する物の熱量又は人若しくは動物が代謝により消費する熱量の計量」とされ，食品の熱量表示などのみに利用されている．

物体を接触させてしばらくすると，2 つの物体の温度が等しくなり熱の移動はなくなる．このような状態を**熱平衡状態**という．

1 g の物体の温度を 1 K 上げるのに必要な熱量は**比熱** c と呼ばれる．比熱の単位を J/(g · K) とすると，m [g] の物体の温度を t [K] 上げるのに必要な熱量 Q は

$$Q = mct \text{ [J]} \tag{2.2}$$

である．

例題 2.1

質量 500 g，温度 20 °C の水の中に，質量 100 g，温度 80 °C の金属をいれた．しばらくすると水と金属は熱平衡状態になり，温度は 25 °C となった．金属の比熱 c_m を求めよ．ただし，水の比熱は 4.18 J/(g · K) である．

【解答】 水が得た熱量は $500 \times (25 - 20) \times 4.18$ J である．一方，金属が失った熱量は $100 \times (80 - 25) \times c_m$ [J] である．水が得た熱量と，金属が失った熱量は等しいので，$c_m = 1.9$ J/(g · K) となる．□

2.2 理想気体の状態方程式

前節で述べたように，物体中の分子は絶えず熱運動をしている．特に気体中の分子は数百 m/s の速さで飛び回っている．気体を容器に入れると，分子は容器の壁と衝突を繰り返す．このとき壁は気体分子から力を受ける．1 つ 1 つの衝突から受ける力は小さいが，分子の数は非常に多いので，壁は一定の力を常に受け続ける．気体が単位面積あたりに及ぼす力のことを，気体の**圧力** p という．特に，1 m^2 の面積に 1 N の力が加わるときの圧力を 1 パスカル（Pa = N/m^2）という．

気体の状態を表すには，気体の体積 V，温度 T，圧力 p を指定すればよい．このような物体の状態を表す量は，**状態量**と呼ばれる．ただし，状態量はすべてが独立ではなく，例えば種類が一定の気体では，2 つの状態量のみが独立であることが知られている．以下で示すように，状態量間の関係を表す式は気体の**状態方程式**と呼ばれる．

1662 年，ボイルは温度 T が一定のとき，気体の圧力 p と体積 V の積 pV は

$$pV = \text{一定} \tag{2.3}$$

であることを発見した（**ボイル－マリオットの法則**）．1787 年，シャルルは pV の温度依存性についての研究を行った．1802 年，ゲイ・ルサックは圧力 p が一定のとき，温度 t [°C] の気体の体積 V は 0 °C の気体の体積 V_0 に比べ $\frac{t}{273.15}$ 倍だけ増えることを発見した．式に書くと

$$V = \left(1 + \frac{t}{273.15}\right)V_0 = \frac{t + 273.15}{273.15}V_0 \tag{2.4}$$

である．つまり，絶対温度 T を用いると，圧力 p が一定のとき，体積 V と温度 T は比例する（**シャルルの法則**または**ゲイ・ルサックの法則**）．(2.3) と (2.4) をまとめると

$$\frac{pV}{T} = 一定 \tag{2.5}$$

となる．これを，**ボイル－シャルルの法則**という．

気体の圧力と温度が同じとき，気体の体積は気体の粒子数 N に比例する．つまり，

$$\frac{pV}{T} = k_{\mathrm{B}}N \tag{2.6}$$

である．比例定数 k_{B} は**ボルツマン定数**と呼ばれ，国際単位系（SI）では，

$$k_{\mathrm{B}} = 1.380649 \times 10^{-23}\ \mathrm{J/K} \tag{2.7}$$

と定められている．

気体の粒子数は極めて多いので，通常は

$$N_{\mathrm{A}} = 6.02214076 \times 10^{23} \tag{2.8}$$

を粒子数の単位にする．N_{A} は**アボガドロ数**であり，国際単位系では (2.8) の値に定められている．$\frac{N}{N_{\mathrm{A}}} = n$ は気体の**モル**（**mol**）**数**である．新しい比例定数 $R = k_{\mathrm{B}}N_{\mathrm{A}}$ を導入し，(2.6) を n を用いて書き直すと

$$pV = nRT \tag{2.9}$$

となる．R は**気体定数**と呼ばれ，

$$R = 8.314462618\ \mathrm{J/(mol \cdot K)} \tag{2.10}$$

という値を持つ[1]．

---

[1] k_{B} と N_{A} は定義値なので，正確には $R = 8.31446261815324\ \mathrm{J/(mol \cdot K)}$ である．

(2.9) が気体の状態方程式である．室温付近で (2.9) は非常によく気体の状態を記述する．ただし，気体の温度が絶対零度 $T = 0\,\mathrm{K}$ に近づくと，気体の分子間に相互作用がはたらく効果が無視できなくなり，状態方程式は (2.9) からずれる．議論を簡単にするために，すべての温度で (2.9) が成り立つような気体を考えるのが便利である．このような気体は**理想気体**と呼ばれる．このテキストでは理想気体のみを扱う．現実の気体については，巻末の参考文献等を見てほしい．

2.3 熱力学第1法則

2.3.1 準静的変化

図 2.2 のように左側が閉じたシリンダーに n モルの理想気体を入れ，断面積が S のなめらかに動くシリンダーで気体を封じ込める．気体の圧力を p とすると，気体がピストンに加える力の大きさは pS である．そこでピストンの右側から外力 $F = pS$ を加え，ピストンにはたらく力の合力が 0 になるようにする．なおここでは，ピストンの外にある大気による気圧は考えないものとする．この状態で，シリンダーの長さ ℓ を変化させる．ただしピストンの動く速さ v を非常に小さくし，ピストンの運動エネルギーが無視できるようにする．同時に，ピストンの加速度も小さくし，力のつり合い $F = pS$ が常に成り立つようにする．さらに，変化の途中で外部からの熱の出入りがあっても，熱の移動は速やかで気体は常に熱平衡状態にあるとする．このような状態の変化は**準静的変化**または**準静的過程**と呼ばれ，以下で考えるのはこのような状態変化である．

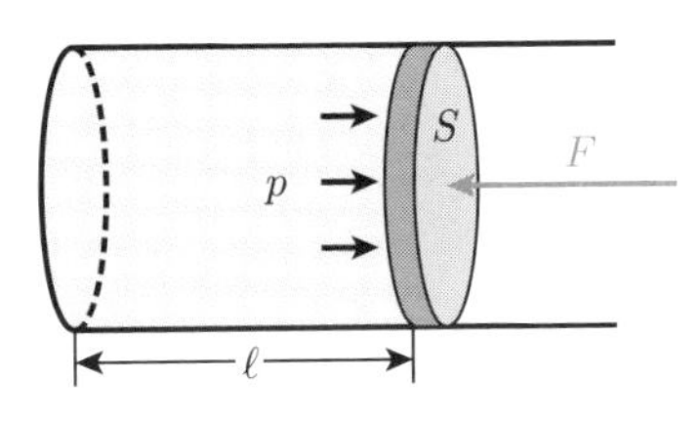

図 2.2 ピストン付のシリンダー

2.3.2 熱力学第1法則

第1章で力学的エネルギーの保存について考えたが，エネルギー保存は熱エネルギーを考慮に入れても成り立つ．物質は常に熱運動をしており，その運動エネルギーは物質内に内部エネルギー U として蓄えられている．この状態で，物体の外部から熱量 dQ が入り，同時に外部に dW の仕事をしたとする．内部エネルギーは dQ 増えるとともに dW 減るので，内部エネルギーの変化 dU は

$$dU = dQ - dW \tag{2.11}$$

で与えられる．この式を**熱力学第1法則**という．ただし dU, dQ, dW はそれぞれ負の値も持てる．つまり $dU < 0$ のときは内部エネルギーは減少する．$dQ < 0$ では熱は外部に放出され，$dW < 0$ のときは外部から仕事をされるのである．

具体的に理想気体について熱力学第1法則を考えてみよう．理想気体の内部エネルギーを求めるには色々な方法があるが，ここでは**エネルギー等分配則**を用いることにする．この法則は**統計力学**の基礎にもなっており，

気体分子は一つの力学的自由度あたり $\frac{1}{2}k_{\mathrm{B}}T$ のエネルギーを持つ

と表される．一番簡単なのはヘリウムやアルゴンなどのような，一つの原子で分子を作る**単原子分子**である．一つの単原子分子は x, y, z の3方向に動くので力学的自由度は3である．したがって一つの分子が持つエネルギーは $3 \times \frac{1}{2}k_{\mathrm{B}}T = \frac{3}{2}k_{\mathrm{B}}T$ となり，これが一つの分子の内部エネルギー U になる．n モルの気体の内部には nN_{A} 個の分子があるので，n モルの単原子分子の内部エネルギーは

$$U = \frac{3}{2}k_{\mathrm{B}}T \times nN_{\mathrm{A}} = \frac{3}{2}nk_{\mathrm{B}}N_{\mathrm{A}}T = \frac{3}{2}nRT \tag{2.12}$$

である．次に簡単なのは窒素分子 N_2 や酸素分子 O_2 のように，2つの原子で分子を作る**2原子分子**である．2原子分子は2つの原子を通る軸と垂直な2つの軸のまわりに回転するので，x, y, z 方向の運動とともに5つの力学的自由度を持つ．したがって，n モルの2原子分子の内部エネルギーは $U = \frac{5}{2}nRT$ となる．一般の理想気体について，内部エネルギーを

$$U = nc_V T \tag{2.13}$$

と表す．理想気体では内部エネルギーは絶対温度に比例する．比例定数 c_V の意味は 2.4.1 項で解説する．

図 2.2 に戻り，シリンダーの長さを ℓ から $\ell + d\ell$ に準静的に変えてみる．このとき，理想気体の体積は $dV = S\,d\ell$ だけ増加する．シリンダー内部の理想気体はピストンを pS の力で距離 $d\ell$ 動かすので，外部に対して

$$dW = pS\,d\ell = p\,dV \tag{2.14}$$

の仕事をする．内部エネルギーの変化を $dU = nc_V\,dT$ と置くと，n モルの理想気体についての熱力学第 1 法則は

$$nc_V\,dT = dQ - p\,dV \tag{2.15}$$

と表される．

2.4 理想気体の状態変化

気体の準静的変化の中で，定積変化，定圧変化，等温変化，断熱変化の 4 つの過程は特に重要なので，順に解説をする．

2.4.1 定 積 変 化

体積を一定に保ったままで状態が変わることを，**定積変化**という．$dV = 0$ なので，(2.15) は

$$nc_V\,dT = dQ \qquad \therefore \quad \frac{dQ}{dT} = nc_V \tag{2.16}$$

となる．$\frac{dQ}{dT}$ は温度を 1 K 変えるのに必要な熱量であるから比熱である．特に c_V は定積変化での 1 モルあたりの比熱なので，**定積モル比熱**と呼ばれる．

2.4.2 定 圧 変 化

圧力を一定に保ったままで状態が変わることを，**定圧変化**という．状態方程式 $pV = nRT$ から，圧力が一定のときは $p\,dV = nR\,dT$ なので (2.15) を書き換えると

$$nc_V\,dT = dQ - nR\,dT \qquad \therefore \quad \frac{dQ}{dT} = n(c_V + R) \tag{2.17}$$

となる．定積変化のときと同様 $\frac{dQ}{dT}$ は温度を 1 K 変えるのに必要な熱量であり，$c_V + R$ は定圧変化での 1 モルあたりの比熱なので，**定圧モル比熱**と呼ばれる．定積モル比熱 c_V と定圧モル比熱 c_P の関係を与える次の式を**マイヤーの関係**という．

$$c_P = c_V + R \tag{2.18}$$

2.4.3 等 温 変 化

温度を一定に保ったままで状態が変わることを，**等温変化**という．この場合，気体の圧力と体積は反比例する．温度が一定のときは $dT = 0$ なので，(2.15) は

$$0 = dQ - p\,dV \qquad \therefore \quad p\,dV = dQ \tag{2.19}$$

となる．つまり吸収した熱量のすべては，体積が増えるための仕事に使われる．逆に体積が減ることにより外部からされた仕事は，すべて熱として放出される．

2.4.4 断 熱 変 化

熱の出入りがないようにして状態が変わることを，**断熱変化**という．$dQ = 0$ なので，(2.15) は

$$nc_V\,dT = -p\,dV \tag{2.20}$$

となる．熱を遮断したままで体積を増やすと（**断熱膨張**という），内部エネルギーが減少し気体の温度が下がる．逆に，熱を遮断したままで体積を減らすと（**断熱圧縮**という），内部エネルギーが増加し気体の温度は上がる．

ステップアップ　**ポアソンの法則**

状態方程式 $pV = nRT$ の両辺を微分すると $V\,dp + p\,dV = nR\,dT$ なので，(2.20) は

$$\begin{aligned} nc_V\,dT + p\,dV &= \frac{c_V}{R}(V\,dp + p\,dV) + p\,dV \\ &= \frac{c_V}{R}\left(V\,dp + \frac{c_V + R}{c_V}p\,dV\right) = 0 \end{aligned} \tag{2.21}$$

となる．ここで**比熱比** γ を

$$\gamma = \frac{c_P}{c_V} = \frac{c_V + R}{c_V} \tag{2.22}$$

で定義し，(2.21) の両辺に $\frac{R}{c_V}V^{\gamma-1}$ をかけると

$$V^{\gamma}\,dp + \gamma pV^{\gamma-1}\,dV = d(pV^{\gamma}) = 0 \tag{2.23}$$

となる．この式は，断熱変化で pV^{γ} が変化しないことを意味している．つまり

$$pV^{\gamma} = \text{一定} \tag{2.24}$$

である．(2.24) は**ポアソンの法則**と呼ばれている．

2.4.5　熱機関と熱効率

図 2.3 のように，気体の体積を横軸，圧力を縦軸にして変化を表したものを $(p\text{-}V)$ 図という．図 2.3 (a) から分かるように，定積変化は p 軸に平行，定圧変化は V 軸に平行な線分で表される．$(p\text{-}V)$ 図では，線分と V 軸との間の面積が，気体がした仕事になる．実際，図 2.3 (a) で水色に塗られた面積は，定圧変化で気体がした仕事である．矢印の向きが逆のときは，気体がされた仕事になる．等温変化と断熱変化は $(p\text{-}V)$ 図では曲線になる．等温変化は $pV = \text{一定}$，断熱変化では $pV^{\gamma} = \text{一定}$ になるが，比熱比 γ は 1 より大きいので，図 2.3 (b) に示したように，断熱変化の曲線は，等温変化の曲線より傾きが大きい．

気体がある状態 A から出発し，状態 A → B → C → D → A のように他の状態を経て，状態 A に戻る状態変化を**熱サイクル**という．図 2.3 (c) に，状態 A からはじまり，等温変化で状態 B，断熱変化で状態 C，等温変化で状態 D に移り，最後に断熱変化で状態 A に戻る**カルノーサイクル**を示した．熱サイクルは**熱機関**のモデルとなる．熱機関では温度 T_1 の高温の熱源と，温度 T_2（$< T_1$）の低温の熱源を用意する．熱源の質量は大きく，熱を放出したり吸収しても温

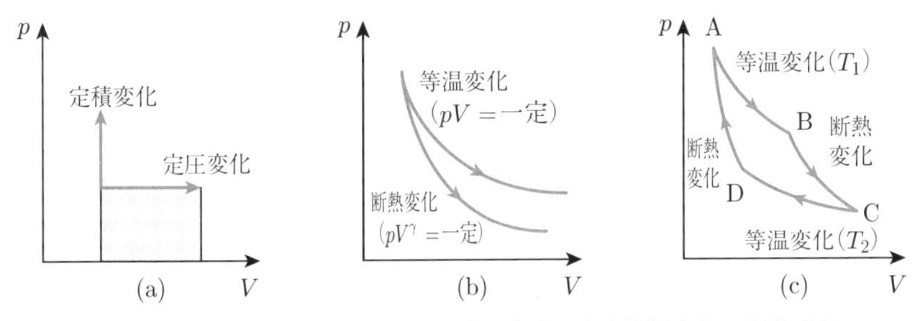

図 2.3　$(p\text{-}V)$ 図．(a) 定積変化，定圧変化　(b) 等温変化，断熱変化
(c) カルノーサイクル

度は変わらないとする．これらの熱源をカルノーサイクルの等温変化のときに用いる．A → B 間の等温変化で気体が高温の熱源から吸収した熱量を Q_{in}，C → D 間の等温変化で気体が低温の熱源に放出した熱量を Q_{out} とする．気体が熱サイクルを一周する間に外部にした仕事 W は，4 つの曲線に囲まれた部分の面積に等しく，熱力学第 1 法則から $W = Q_{\text{in}} - Q_{\text{out}}$ である．

熱サイクルを熱機関と考えるときには，高温の熱源から受け取った熱量 Q_{in} を，いかに効率よく仕事 W に変えられるかが問題になる．そこで**熱効率** η を Q_{in} と W の比

$$\eta = \frac{W}{Q_{\text{in}}} = \frac{Q_{\text{in}} - Q_{\text{out}}}{Q_{\text{in}}} \tag{2.25}$$

で定義する．カルノーサイクルの熱効率は，高温の熱源の温度 T_1 と低温の熱源の温度 T_2 のみに依存し以下の式で表される（演習問題 1）．

$$\eta = \frac{T_1 - T_2}{T_1} \tag{2.26}$$

2.5 熱力学第 2 法則

カルノーサイクルの研究を行ったトムソンは，熱効率を高くするにはどうすればよいかを考えた．(2.25) から分かるように，熱効率を 1 にするには，$Q_{\text{out}} = 0$ とすればよいが，これは熱を放出する低温の熱源が必要ないことを意味する．しかし高温の熱源のみでは熱は移動しないので，熱を仕事に変えるのは不可能である．そこでトムソンは

外部に何の変化も残さないで，熱を仕事に変えることはできない

と考えた．これがトムソンによって得られた**熱力学第 2 法則**である．熱力学第 2 法則には，この他にも色々な表現の仕方がある．代表的なのはクラウジウスによる

外部に何の変化も残さないで，熱を低温から高温に移すことはできない

である．これら 2 つの表現は等価である．実際，カルノーサイクルで低温に放出された熱を，外部に何の変化も残さずに高温に移せれば，外部に何の変化も残さないで熱が仕事に変わってしまう（厳密な等価性は演習問題 2）．

一般に，準静的変化で状態 A から B へ移ると，操作を逆転して状態 B から A へ戻ることができる．このような変化を，**可逆変化**という．一方現実の世界では，シリンダーとピストンの間には摩擦があり摩擦熱が外界に放出される．さらに，動いているピストンを止めるには外界に影響を与えなければならない．このように，A → B → A の状態変化によって，外界に変化が起きるとき，この変化は**不可逆変化**だという．一般に，不可逆変化による熱効率 $\eta_{\text{不可逆}}$ は可逆変化による熱効率 $\eta_{\text{可逆}}$ より小さいことが，クラウジウスの第 2 法則から示せる（演習問題 3）．この関係を式で書くと

$$\eta_{\text{可逆}} = \frac{Q_{\text{in}} - Q_{\text{out}}}{Q_{\text{in}}} = \frac{T_1 - T_2}{T_1} \tag{2.27}$$

$$\eta_{\text{不可逆}} = \frac{Q_{\text{in}} - Q_{\text{out}}}{Q_{\text{in}}} < \frac{T_1 - T_2}{T_1} \tag{2.28}$$

となる．これらの式を書き直すと

$$\frac{Q_{\text{in}}}{T_1} - \frac{Q_{\text{out}}}{T_2} = 0, \qquad \text{可逆変化} \tag{2.29}$$

$$\frac{Q_{\text{in}}}{T_1} - \frac{Q_{\text{out}}}{T_2} < 0, \qquad \text{不可逆変化} \tag{2.30}$$

である．

(2.29), (2.30) は，熱サイクルの中に多数の熱源がある場合に拡張できる．i 番目の熱源の温度を T_i，熱サイクルが i 番目の熱源から受け取る熱量を ΔQ_i とする．ΔQ_i には符号を付け，ΔQ_i が正ならば熱の吸収，負ならば熱の放出と考える．すると (2.29), (2.30) は

$$\sum_i \frac{\Delta Q_i}{T_i} \leq 0 \tag{2.31}$$

となる．等式は可逆変化，不等式は不可逆変化に対応する．(2.31) を**クラウジウスの不等式**という．クラウジウスはこの不等式から**エントロピー**を導いた．

図 2.4 (a) にあるように，状態 O を出発し，経路 L_1 を経て状態 1 に行き，さらに経路 L_2 を経て状態 O に戻る可逆変化からなる熱サイクルを考える．この場合，(2.31) は等式

$$\sum_{i \subset L_1} \frac{\Delta Q_i}{T_i} + \sum_{i \subset L_2} \frac{\Delta Q_i}{T_i} = 0 \tag{2.32}$$

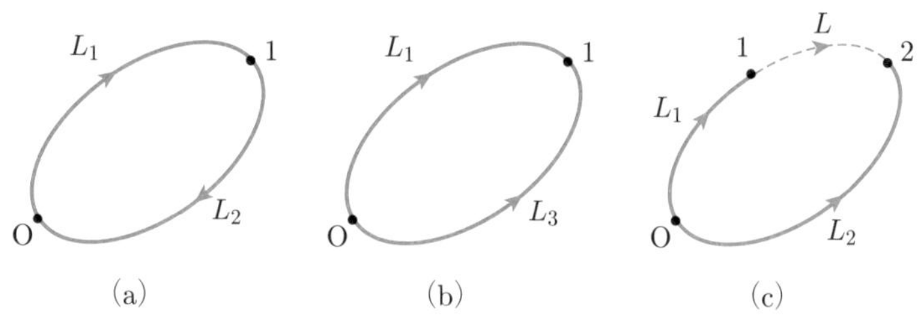

図 2.4 エントロピーの定義

となる．ここで，$\sum_{i \subset L_1}$ は経路 L_1 に含まれる熱源の和を意味する．可逆変化は，変化を逆転させても可逆変化である．そこで，図 2.4 (b) のように L_2 の経路を逆経路 L_3 に置き換えると

$$\sum_{i \subset L_1} \frac{\Delta Q_i}{T_i} = \sum_{i \subset L_3} \frac{\Delta Q_i}{T_i} \tag{2.33}$$

となる．ここで逆過程では，$\Delta Q_i \to -\Delta Q_i$ となることを使った．(2.33) は

$$S(1) \equiv \sum_{i \subset L} \frac{\Delta Q_i}{T_i} \tag{2.34}$$

が経路 L に依存しないことを意味している．一般に状態ごとに値が決まる量は状態量と呼ばれる（2.2 節の冒頭参照）．$S(1)$ は状態 1 の状態（p, V 等）にのみ依存し，経路 L には依存しないので状態量である．クラウジウスは $S(1)$ を状態 1 の**エントロピー**と名付けた．$S(1)$ は基準の状態 O にも依存するので，エントロピーの定義には不定性がある．ただし，応用上重要なのは常にエントロピーの変化量なので，この不定性は物理的に意味はない（ただし**量子統計力学**では，エントロピーは大きさも含めて定義できる）．

さて，図 2.4 (c) にあるように，熱サイクルが 3 つの経路 L, L_1, L_2 からなるとする．L_1 は状態 O から状態 1，L_2 は状態 O から状態 2 に至る経路である．経路 L_1, L_2 での変化は可逆，経路 L の変化は可逆でも不可逆でもよいとする．この熱サイクルに，クラウジウスの不等式を当てはめると

$$\sum_{i \subset L_1} \frac{\Delta Q_i}{T_i} + \sum_{i \subset L} \frac{\Delta Q_i}{T_i} - \sum_{i \subset L_2} \frac{\Delta Q_i}{T_i} \leq 0 \tag{2.35}$$

となる．ここでエントロピーの定義 (2.34) を用いると，(2.35) は

$$\sum_{i \subset L} \frac{\Delta Q_i}{T_i} \leq S(2) - S(1) \tag{2.36}$$

となる．等号が成り立つのは経路 L の状態変化が可逆な場合のみである．(2.36) の左辺に現れる温度は熱源の温度であることに注意しよう．実際，不可逆過程では熱サイクルは熱平衡状態にはないので，状態 1 と状態 2 を除いた経路 L の途中では熱サイクル自身の温度や圧力は定義できていない．

(2.36) で特に経路 L での状態変化が断熱変化であれば，左辺は 0 になる．さらにこの断熱変化が可逆であれば，(2.36) の等号が成り立つので，エントロピーは変化しない．しかし，断熱変化が不可逆であれば不等号になるので，エントロピーの変化は正の値になる．つまり，不可逆断熱変化ではエントロピーは必ず増加する．これを**エントロピー増大則**という．

(2.36) を微小な可逆変化について書くと

$$dQ = T\,dS \tag{2.37}$$

となる．これを，熱力学第 1 法則 $dU = dQ - p\,dV$ に代入すると

$$dU = T\,dS - p\,dV \tag{2.38}$$

となる．U, T, S, p, V はすべて状態量なので，熱力学第 1 法則が状態量のみで書かれたことになる．(2.38) を使って，状態量間の種々の関係が導かれるが，偏微分の知識が必要なので本書では取り上げない．

演 習 問 題

演習 1 カルノーサイクルの熱効率が

$$\eta = \frac{T_1 - T_2}{T_1} \tag{2.39}$$

となることを示せ.

演習 2 トムソンの熱力学第 2 法則とクラウジウスの熱力学第 2 法則が等価であることを示せ.

演習 3 クラウジウスの熱力学第 2 法則を用いて, (2.27), (2.28) が成り立つことを示せ.

演習 4 理想気体のエントロピーが任意定数を除いて

$$S = nc_V \log T + nR \log V = nc_V \log(TV^{\gamma-1}), \qquad \gamma = \frac{c_P}{c_V} \tag{2.40}$$

となることを示せ.

演習 5 (1) 図 2.5 (a) にあるように, シリンダーをピストンで 2 つの空間にわける. 2 つのピストンは固定されており, 2 つの空間の体積はそれぞれ V である. シリンダーとピストンは断熱材でできており, 熱は外には逃げないとする. S_1 の左側の空間に, n モルの理想気体を入れたところ, 圧力は p であった. その後, S_1 に小さな穴を開け気体を 2 つの空間に充満させた. 十分時間が経った後の, 気体の温度 T_1 と圧力 p_1 を求めよ. ただし, S_1 に開けた穴の体積は無視できるほど小さいとする.

(2) 図 2.5 (b) にあるように, シリンダーにピストンを入れ, できた閉空間の体積を V に固定する. シリンダーとピストンは断熱材でできており, 熱は外には逃げないとする. 空間に n モルの理想気体を入れたところ, 圧力は p であった. その後, ピストンをゆっくり右に動かし, 空間の体積が $2V$ になるようにした. このときの気体の温度 T_2 と圧力 p_2 を求めよ.

(3) (1) と (2) の状態変化について, 演習 4 で求めたエントロピーを用いて違いを論ぜよ.

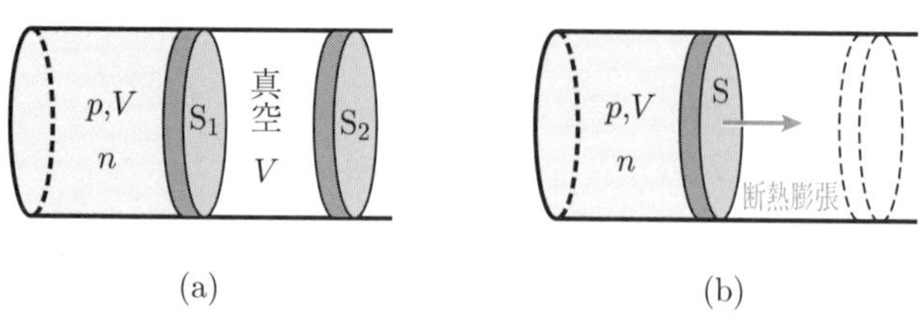

図 2.5 演習 5

第3章

電 磁 気 学

電磁気学は物理学の重要な分野であるとともに，私達の日常生活にも密接に関わっている．テレビ，ラジオ，インターネットなどはすべて電磁現象を応用している．その意味で電磁気学は基礎科学の社会への貢献や研究の意義を考えるよい題材だろう．また，電磁気学は身のまわりで起こる非常に多くの現象を一つの体系として記述する．自然現象の根本原理を探求するという物理学の体系としてもよい例である．

一方，自然現象の数学による記述という物理学の本質は電磁気学にも当てはまる．電磁気学を本格的に学ぶためには数学的な準備を避けることができず，このことが初学者にとって障壁となっていることも否めない．この章では，電磁気学について数学的記述に深入りせずに，電磁気学の概要を解説するよう試みる．具体的には，初学者には物理的な意味を類推することが難しい，微分形式を用いた記述を極力避け，積分形式による解説を試みる．また，式を示した場合はその意味するところを言葉で解説するようにした．より詳細な記述は，巻末の文献等を参照されたい．

3.1 静 電 場

物質には**電荷**を持つ性質がある．乾いた布や皮をこすることによって起こる**静電気**は古くから知られていた．読者の多くも経験があるだろう．18世紀になると，静電気を担うものとしての電荷という考え方が確立した．その源は物質を構成する原子や電子の持つ電荷である．電荷には正負の2種類あり，例えば電子が持つ電荷は負電荷，陽子が持つ電荷は正電荷である．電荷の量は**電気量** q で表し，負電荷は $q<0$，正電荷は $q>0$ である．2つの電荷の間には力がはたらく．1.7節で説明した万有引力と異なり，同種類の電荷の間には斥力がはたらき，異種類の電荷の間には引力がはたらく．この力は**静電気力**と呼ばれる．

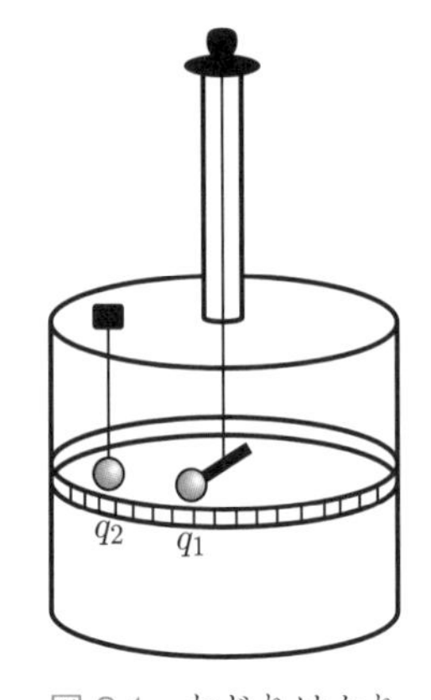

図 3.1 ねじりはかり

静電気力を初めて定量的に測定したのはクーロンである (1787). クーロンは電荷を持つ 2 つの金属球の間にはたらく力をねじりはかりで測定し，その間にはたらく力の大きさ F がそれぞれの電気量の大きさの積に比例し，金属球間の距離 r の 2 乗に反比例することを見い出した.

$$F = k\frac{|q_1|\,|q_2|}{r^2} \tag{3.1}$$

これを**クーロンの法則**という.

静電気力はベクトルなので，クーロンの法則は次のようにも表せる. 2 つの金属球の位置を $\boldsymbol{r}_1, \boldsymbol{r}_2$ とする. $\boldsymbol{r}_1$ から見た $\boldsymbol{r}_2$ の位置ベクトル $\boldsymbol{r} = \boldsymbol{r}_2 - \boldsymbol{r}_1$ を用いると，$\boldsymbol{r}_2$ の位置にある電荷にはたらく力 $\boldsymbol{F}_{12}$ は

$$\boldsymbol{F}_{12} = k\frac{q_1 q_2}{r^2}\frac{\boldsymbol{r}}{r} \tag{3.2}$$

となる ($\frac{\boldsymbol{r}}{r}$ は $\boldsymbol{r}$ 方向の単位ベクトル). 作用反作用の法則を用いると，$\boldsymbol{r}_1$ の位置にある電荷にはたらく力は $\boldsymbol{F}_{21} = -\boldsymbol{F}_{12}$ である. 万有引力 (1.203) が常に引力なのと違い，静電気力は図 3.2 に示したように $q_1 q_2 > 0$ では斥力，$q_1 q_2 < 0$ では引力になる.

本章で用いる **SI 単位**では，$k = \frac{1}{4\pi\epsilon_0}$ と表される[1]. ϵ_0 は真空の誘電率という定数であり，

$$\epsilon_0 = 8.8541878128(13) \times 10^{-12}\ \mathrm{F/m} \tag{3.3}$$

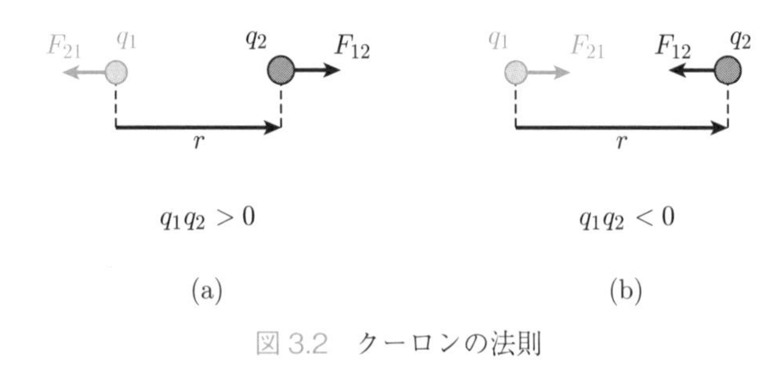

図 3.2 クーロンの法則

[1] SI 単位については付録 A を参照.

である．上記において (13) は下 2 桁の誤差を表している．また，F は，3.1.9 項で議論する静電容量の単位である．電気量の単位は**クーロン**（C）といい，観測される電気量は電子または陽子の持つ電荷の絶対値，**電荷素量** e の整数倍となることが知られている．SI 単位で電荷素量は誤差のない定義量であり，

$$e = 1.602176634 \times 10^{-19}\ \mathrm{C} \tag{3.4}$$

とされている．なお以下では，特に断らない限り電気量を単に**電荷**と呼ぶことにする．

3.1.1 電　場

クーロンの法則 (3.2) において，電荷 q_1 の位置を原点 $\boldsymbol{r}_1 = \boldsymbol{0}$ とすると，$\boldsymbol{r} = \boldsymbol{r}_2$ に置かれた電荷 q_2 にはたらく力は $\boldsymbol{F} = k\frac{q_1 q_2}{r^2}\frac{\boldsymbol{r}}{r}$ であるが，この力を次のように書きかえてみる．

$$\boldsymbol{E}(\boldsymbol{r}) = k\frac{q_1}{r^2}\frac{\boldsymbol{r}}{r} \tag{3.5}$$

$$\boldsymbol{F} = q_2\boldsymbol{E}(\boldsymbol{r}) \tag{3.6}$$

このままでは単なる式の変形に過ぎないが，これを次のように解釈する．

原点に置かれた電荷 q_1 は位置 $\boldsymbol{r}$ に“場” $\boldsymbol{E}(\boldsymbol{r})$ を作る．そして位置 $\boldsymbol{r}$ に置かれた電荷 q_2 は，この“場” $\boldsymbol{E}(\boldsymbol{r})$ から $\boldsymbol{F} = q_2\boldsymbol{E}(\boldsymbol{r})$ の力を受ける[2]．

この $\boldsymbol{E}(\boldsymbol{r})$ を**電場**という．図 3.3 に $q_1 > 0$ の場合の様子を示した．$q_2 > 0$ の

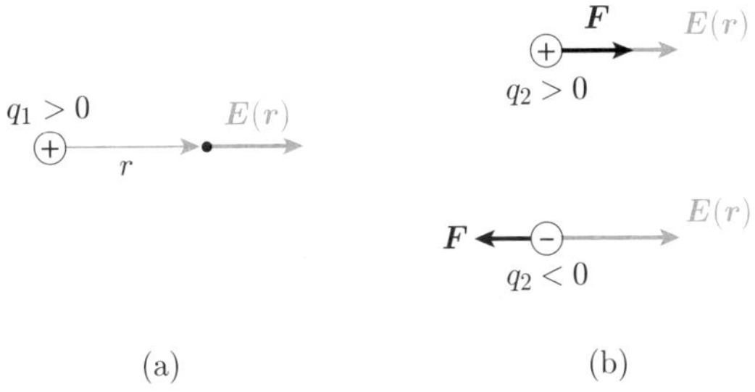

(a)　(b)

図 3.3　電場 $\boldsymbol{E}(\boldsymbol{r})$ と静電気力 $\boldsymbol{F}$

[2] 工学系では電界ということが多いが同じものである．

ときは，q_2 の受ける力は電場と同じ向きだが，$q_2 < 0$ では，q_2 の受ける力は電場と逆向きになる．$q_1 < 0$ のときは，位置 $\boldsymbol{r}$ に作られる電場は，図 3.3 と逆向きになる．したがって，q_2 の電荷が受ける力の向きも逆である．

場の考え方

電場は，位置ベクトル $\boldsymbol{r}$ で表される空間の点に，大きさと方向を持つベクトルを割り付けたものである．さらに一般には，時刻 t にも依存する．3 次元直交座標系では

$$\boldsymbol{E}(\boldsymbol{r},t) = (E_x(\boldsymbol{r},t), E_y(\boldsymbol{r},t), E_z(\boldsymbol{r},t)) \tag{3.7}$$

$$\boldsymbol{r} = (x,y,x) \tag{3.8}$$

と表される．このように，空間の各点に大きさや方向を持った量を割り振ることによって，空間の性質を表現することがある．このとき空間に割り振られた量を"場"という．電場の場合は，空間に大きさと方向を持った量，すなわちベクトルを割り振っており，ベクトル場という[a]．3.1.4 項で議論する**静電ポテンシャル**は，空間の各点に実数だけを割り振った，スカラー場である．(3.5) は，原点に置かれた電荷がそのまわりに作る電場を表している．電荷が電場を作り出すルールを与えるのが電磁気学の法則であり，この場合は 3.1.3 項で取り扱うガウスの法則である．

クーロンの法則 (3.2) をみると，空間的に離れた 2 つの電荷がその空間を飛び越えて直接力を及ぼし合っているように見える．このような作用の考え方を**遠隔作用**という．それに対して (3.5), (3.6) では，空間中に電場が生じ，電荷が電場から力を受けると解釈する．この考え方を**近接作用**という．今の段階では，単なる式の書き換えとその解釈だが，電磁気学は電荷や電流によって生じる電場や磁場と，電荷を持った物質の間の相互作用を記述する体系である．後述する電磁誘導（3.4.1 項）や電磁波（3.5 節）が関与する現象では，場が重要な役を果たす．

結局のところ電磁気学は，空間や物質中に場（電場と 3.3 節で述べる磁場）がどのように生成されまた伝搬し，その場と電荷を持った粒子や物質がどのような相互作用をするのかを記述する理論である．

---

[a] どのような量でもよいわけではなく，数学的な定義に従う必要があるが，ここでは割愛する．

3.1.2 電 気 力 線

空間の各点における電場の方向をなめらかにつないだものを**電気力線**といい，電場の様子を図示する際に有益である．電気力線には以下の性質がある．

- 接線の方向はその点における電場の方向と一致する．
- 交わらない．
- 始点は正電荷または無限遠，終点は負電荷または無限遠となる．
- 密度は電場の強度に比例し，密集している場所ほど電場の強度が高い．

図 3.4 (a) は，一つの正電荷のまわりの電気力線，(b) は，電気量の大きさの等しい正負の電荷を置いた場合の電気力線を示している．

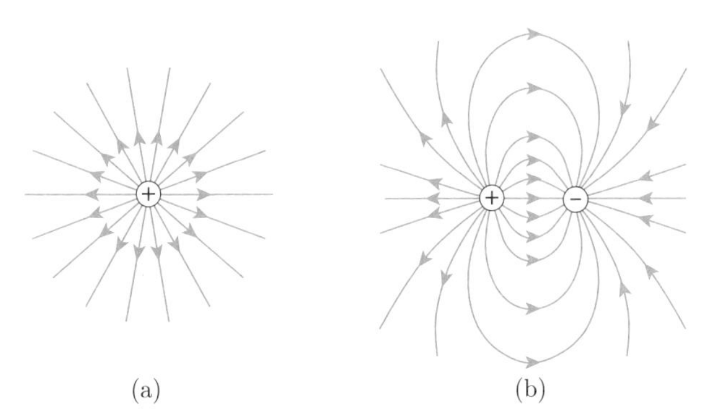

図 3.4　電荷のまわりの電気力線．(a) 一つの正電荷のまわりの電気力線．(b) 電荷の大きさの等しい正負の電荷があるときの電気力線．

3.1.3 ガウスの法則

電荷とそれが作る電場の関係は，**ガウスの法則**として知られている．図 3.5 (a) はガウスの法則を模式的に表したものである．ガウスの法則は，

$$\text{空間のある領域から出る電場の総量} = \frac{\text{領域内の電荷の和}}{\epsilon_0} \tag{3.9}$$

と表すことができる[3]．この意味は水道の蛇口から水が出る様子に例えて考えることができる（図 3.5 (b)）．蛇口がいくつもあって，それを囲む大きな範囲

[3] 電場の総量という表現は曖昧だが，(3.10) をその定義と考える．

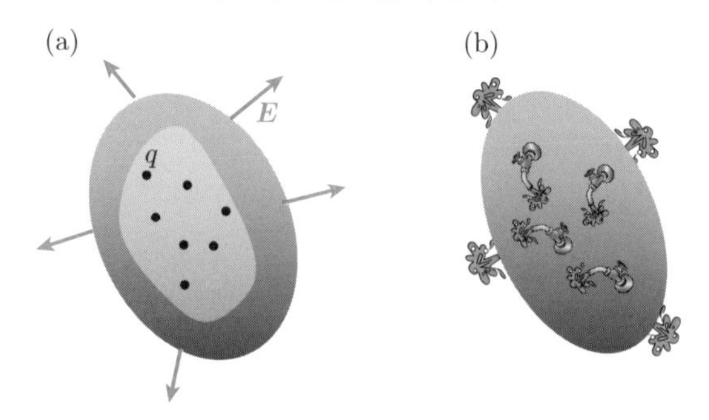

図 3.5 ガウスの法則を模式的に表した図. (a) 空間のある領域から出て行く電場の総量はその領域内の電気量に比例する. (b) 空間のある領域から出て行く水の総量はその領域内における水の湧き出し量と等しい.

を考えたとしよう. そのとき蛇口を囲む領域から出てゆく水の総量は, 蛇口から出る水の総量に等しい. (3.9) は比例定数 $\frac{1}{\epsilon_0}$ がかかっているが, 同じことを表している. (3.9) を数学的に正確に記述すると

$$\int \boldsymbol{E}(r) \cdot \boldsymbol{n}\, dS = \frac{1}{\epsilon_0} \int q(\boldsymbol{r}')\, dv \tag{3.10}$$

となる. この式の詳しい説明は付録 C.1 に記している.

点電荷のまわりの電場 ガウスの法則の例として, 原点にある電荷 Q のまわりの電場を考える. この場合, 球のまわりの電場は球対称であり電場の大きさは原点からの距離のみに依存する. またその方向も原点を中心として動径方向となる (図 3.6 参照). そこで, 原点を中心とする半径 r の球を考えると, その表面と電場ベクトルは常に垂直であり, かつ球の表面上で電場の大きさは等しい. しがって電場の大きさを半径 r のみの関数 $E(r)$ として表すことができる. このとき, 半径 r の球の表面から出る電場の総量は

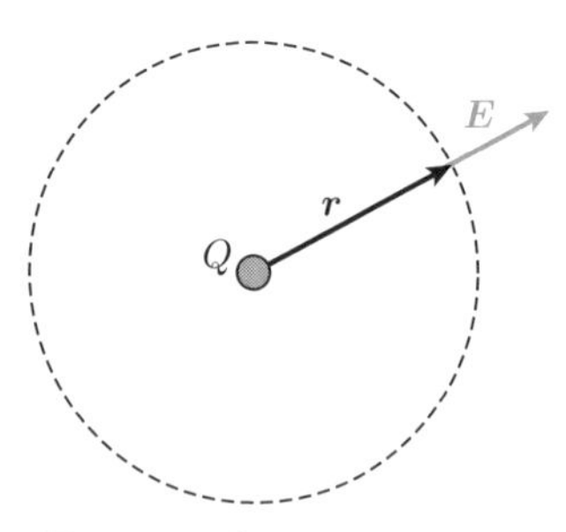

図 3.6 原点にある電荷 Q が作る電場

$$\text{球の表面積} \times E(r) = 4\pi r^2 E(r) \tag{3.11}$$

となる．ガウスの法則 (3.10) を適用すると，

$$4\pi r^2 E(r) = \frac{Q}{\epsilon_0}$$

$$\therefore \quad E(r) = \frac{Q}{4\pi\epsilon_0 r^2} \tag{3.12}$$

方向まで考慮してベクトルとして表すと

$$\boldsymbol{E}(\boldsymbol{r}) = \frac{Q}{4\pi\epsilon_0 r^2}\frac{\boldsymbol{r}}{r} \tag{3.13}$$

となり，(3.5) を得ることができた（$k = \frac{1}{4\pi\epsilon_0}$ である）．

このとき，点 $\boldsymbol{r}$ に電荷 q を置くと，その電荷は

$$\boldsymbol{F} = q\boldsymbol{E}(\boldsymbol{r}) = \frac{qQ}{4\pi\epsilon_0 r^2}\frac{\boldsymbol{r}}{r} \tag{3.14}$$

という力を受ける．ガウスの法則によるクーロンの法則導出では，半径 r の球の面積が $4\pi r^2$ であることが重要な役割を果たした．言い換えると，電荷 Q の作る電場が 3 次元空間に広がることがガウスの定理の本質的な性質だったのである．万有引力においても電場に対応する重力場を考えることができ，(1.203) をガウスの法則と同様に求めることができる[4]．

この考察を，半径 R で電荷 Q がその表面のみに存在する球殻に応用すると以下のことが分かる．

i) $R \leq r$ のとき．
点電荷の場合と同様，$E(r) = \frac{Q}{4\pi\epsilon_0 r^2}$．

ii) $r < R$ のとき．球殻の内部に電荷はないので，

$$4\pi r^2 E(r) = 0$$

より，$E(r) = 0$．すなわち，中空の球殻の内側には電場は存在しない．

例題 3.1

半径 R の一様に帯電した球の内外の電場を求めよ．ただし球の全電荷を Q とする．

[4] 厳密には重力は一般相対性理論で記述され，静電場とは異なることも分かっている．しかし，重力がそれほど強くない場合は静電場と同様の取り扱いをすることができる．

【解答】 球の中心からの距離を r とする．$R \leq r$ の場合は点電荷の場合と同様である．

$r < R$ のとき，球の体積は r^3 に比例することに注意すると，球の中心から半径 r 内にある電荷の量 $Q'(r)$ は，$Q'(r) = Q\frac{r^3}{R^3}$．したがって

$$\boldsymbol{E}(\boldsymbol{r}) = \frac{Q'(r)}{4\pi r^2}\frac{\boldsymbol{r}}{r} = \frac{Qr}{4\pi R^3}\frac{\boldsymbol{r}}{r} \tag{3.15}$$ □

● 一様に帯電した無限に広い平板のまわりの電場 一様に帯電した無限に広い平板のまわりの電場を考えよう．電場は平板面に対して対称であり，また無限に広がった面であることから平板上の場所にはよらない．したがって電場は平板に垂直な成分しか持つことができない．平板に垂直な方向を z 軸とし，平板上に図 3.7 に示すような，円柱を考える．平板の単位面積あたりの電荷を σ，円柱の上下面の面積を S とし，ガウスの法則を適用する．電場は z 成分しかないので，円柱の側面部分から出て行く電場は 0 となる．電場の z 方向の成分の大きさを E_z とすると，円柱の上面から出て行く電場は SE_z である．円柱の下面部分では，電場は z 軸に対して負の方向を向いている．円柱から出て行く量を正ととるので，円柱下面から出て行く量もやはり SE_z となる．したがって，この円柱から出て行く電場の総量は

$$2SE_z \tag{3.16}$$

となる．この円柱内の電荷の総量は，円柱が平板と交わる部分にある電荷量なので，σS となる．ガウスの法則

$$2SE_z = \frac{\sigma S}{\epsilon_0} \tag{3.17}$$

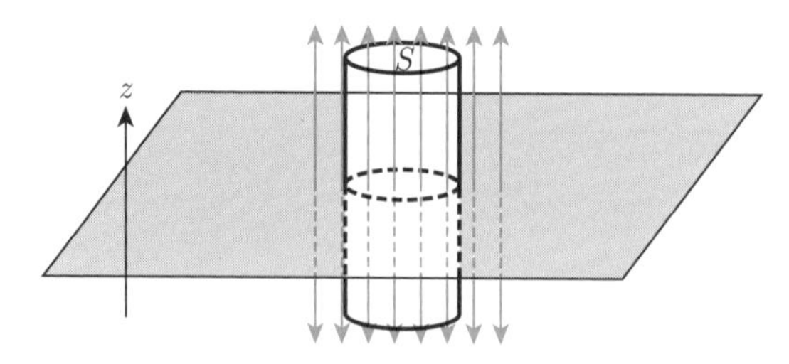

図 3.7 一様に帯電した無限に広い平板のまわりの電場

より,

$$E_z = \frac{\sigma}{2\epsilon_0} \tag{3.18}$$

導出の過程から明らかなように，電場の大きさは平板からの距離によらず一定である.

3.1.4 静電ポテンシャル

3.1.1 項で議論したように，電場 $\boldsymbol{E}$ 中に置かれた電荷 q は

$$\boldsymbol{F} = q\boldsymbol{E} \tag{3.19}$$

という力を受ける．図 3.8 のように，一定の電場 $\boldsymbol{E}$ によって電荷 q が $\boldsymbol{r}$ から $\boldsymbol{r}_0$ まで動くときに電荷が得る仕事 W は，(1.125) で $\boldsymbol{x} = \boldsymbol{r}_0 - \boldsymbol{r}$ と置いて求めることができ,

$$W = q\boldsymbol{E} \cdot (\boldsymbol{r}_0 - \boldsymbol{r}) \tag{3.20}$$

である．逆に，$\boldsymbol{r}_0$ から $\boldsymbol{r}$ まで，電場に逆らって電荷を動かすためには外部から電荷に W の仕事を与える必要がある．つまり，$\boldsymbol{r}$ にある電荷は $\boldsymbol{r}_0$ に比べて W だけ高いエネルギーを持っていると考えることができる．この性質を利用して，$\boldsymbol{r}$ における**静電ポテンシャル**

$$\phi(\boldsymbol{r}) = -\boldsymbol{E} \cdot (\boldsymbol{r} - \boldsymbol{r}_0) \tag{3.21}$$

を定義する．静電ポテンシャル $\phi(\boldsymbol{r})$ にある電荷 q は $\boldsymbol{r}_0$ に比べて，$q\phi(\boldsymbol{r})$ だけ高いエネルギーを持っているのである．負号は，電荷を電場から受ける力に逆らって動かすときに静電ポテンシャルが増加するように付けている．$\boldsymbol{r}_0$ は静電ポテンシャルの基準点であり，任意に選ぶことができる．(3.21) は，重力中の位置エネルギー (1.138) と類似している．重力の場合，基準点 $\boldsymbol{r}_0$ を地上 $(x = 0)$，重力の方向を鉛直下向き $(-g)$ とすると，地上から高さ x の場所の

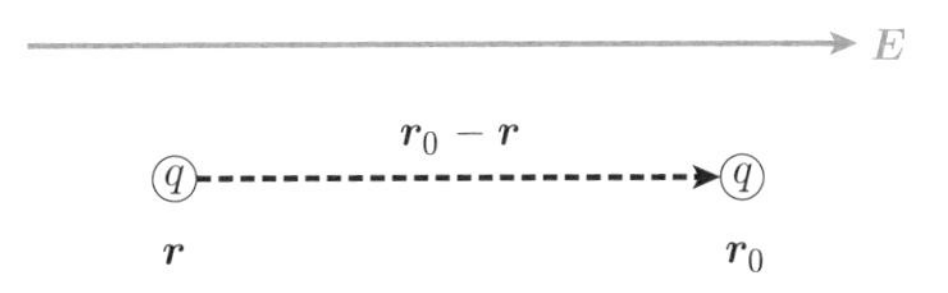

図 3.8 電場のする仕事と静電ポテンシャル

重力ポテンシャル $\phi_g(x)$ を

$$\phi_g(x) = -(-g)x = gx \tag{3.22}$$

と考えることができる．これを用いて，位置エネルギー

$$U = m\phi_g(x) = mgx \tag{3.23}$$

を得る．位置エネルギーは万有引力によって質量 m の物体が得たエネルギーだが，静電場の場合は電荷 q の物体が電場から得たエネルギーである．

一般には，電場 $\boldsymbol{E}$ は場所 $\boldsymbol{r}$ に依存する．それを $\boldsymbol{E}(\boldsymbol{r})$ と表そう．電荷の位置の微小な変位を $d\boldsymbol{r}$ と表すと，電荷 q が電場 $\boldsymbol{E}(\boldsymbol{r})$ 中を $d\boldsymbol{r}$ 動いたときに得るエネルギー dw は

$$dw = q\boldsymbol{E}(\boldsymbol{r}) \cdot d\boldsymbol{r} \tag{3.24}$$

となる．(3.21) の手順を拡張すると，点 $\boldsymbol{r}$ の静電ポテンシャルは，その基準点 $\boldsymbol{r}_0$ からから $\boldsymbol{r}$ までの電場の積分として与えられる．

$$\phi(\boldsymbol{r}) = -\int_{\boldsymbol{r}_0}^{\boldsymbol{r}} \boldsymbol{E}(\boldsymbol{r}') \cdot d\boldsymbol{r}' \tag{3.25}$$

この形の積分はベクトルの線積分という．詳細は付録 C.2 で説明している．

SI 単位で静電ポテンシャルの単位は $[\mathrm{M}^2\,\mathrm{K}^1\,\mathrm{S}^{-3}\,\mathrm{A}^{-1}]$ だが，[V]（ボルト）という名前が付いている．基準点とある点との静電ポテンシャルの差を**電位差**または単に**電位**と呼ぶことも多い．電気回路でよく使われる**電圧**という言葉は，基準点からの電位差という意味であり，実用的には電位の基準は大地（地球）にとるのが一般的である．

単位の表記

電磁気学では色々な単位が出てくる．**国際単位系（SI）**では電磁気学に関連した**基本単位**として長さ：メートル [M]，質量：キログラム [K]，時間：秒 [S]，電流：アンペア [A] を採用しており，その他の単位（**組立単位**という）はをそれを使って $[\mathrm{M}^a\,\mathrm{K}^b\,\mathrm{S}^c\,\mathrm{A}^d]$ と表すことができる．前述の $[\mathrm{V}] = [\mathrm{M}^2\,\mathrm{K}^1\,\mathrm{S}^{-3}\,\mathrm{A}^{-1}]$ はその例である．また $[\mathrm{M}^a\,\mathrm{K}^b\,\mathrm{S}^b\,\mathrm{A}^d]$ と表記しては煩雑なので，上記のように特定の組み合わせに名前を付けて表記することが多い．本章で出てくる代表的な単位の例としては，

$$\text{力：ニュートン}\,[\mathrm{N}] = [\mathrm{M}^1\,\mathrm{K}^1\,\mathrm{S}^{-2}\,\mathrm{A}^0] \tag{3.26}$$

$$\text{仕事：ジュール}\,[\mathrm{J}] = [\mathrm{M}^2\,\mathrm{K}^1\,\mathrm{S}^{-2}\,\mathrm{A}^0] \tag{3.27}$$

$$\text{電荷量：クーロン}\,[\mathrm{C}] = [\mathrm{M}^0\,\mathrm{K}^0\,\mathrm{S}^1\,\mathrm{A}^1] \tag{3.28}$$

などがある．これらを組み合わせると，[V] は

$$\left[\frac{\mathrm{J}}{\mathrm{C}}\right] = \left[\frac{\mathrm{J}}{\mathrm{A\,S}}\right] \tag{3.29}$$

と表すこともできる．このように単位の表記はそれを利用する場合によって分かりやすい表記を使い分けることが多い．

● 点電荷のまわりの静電ポテンシャル 原点に置いた点電荷のまわりのポテンシャルを考える．点電荷の作る電場は (3.5) で与えられる．無限平板の場合と異なり，電場は点電荷からの距離 r の関数である．電場 $\boldsymbol{E}$ と位置ベクトル $\boldsymbol{r}$ は平行なので，ポテンシャル ϕ は原点からの距離 r の関数として以下のように計算できる．

$$\begin{aligned}\phi(r) &= -\frac{Q}{4\pi\epsilon_0}\int_{r_0}^{r}\frac{1}{r'^2}\,dr' \\ &= -\frac{Q}{4\pi\epsilon_0}(-1)\left[\frac{1}{r}\right]_{r_0}^{r} \\ &= \frac{Q}{4\pi\epsilon_0}\left(\frac{1}{r}-\frac{1}{r_0}\right)\end{aligned} \tag{3.30}$$

ポテンシャルの基準点 r_0 は任意だが，$r_0 = \infty$ とすると，

$$\phi(r) = \frac{Q}{4\pi\epsilon_0}\frac{1}{r} \tag{3.31}$$

と簡単な形で表すことができる．この形は万有引力の位置エネルギー (1.198) と同じ形である．万有引力 (1.203) とクーロンの法則 (3.2) が同じ形で記述できたことから推測できるように，静電ポテンシャルと位置エネルギーにも同様の類似性がある．

ステップアップ　**線積分と静電ポテンシャルの精密な導入**

一般には静電ポテンシャルはベクトルの線積分（付録 C.2 参照）を使って導入する．静電場の性質として，電場ベクトルの閉じた経路にわたる積分が 0 になることが知られている．図 3.9 に示すような閉じた経路 C にわたる線積分は，次式のように表すことができる．

$$\oint_C \boldsymbol{E}(\boldsymbol{r}') \cdot d\boldsymbol{r}' = 0 \tag{3.32}$$

経路 C 上に積分の始点 $\boldsymbol{r}_0$ と中間点 $\boldsymbol{r}$ を考え積分経路を C_1: $(\boldsymbol{r}_0 \to \boldsymbol{r})$，$C_2$: $(\boldsymbol{r} \to \boldsymbol{r}_0)$ に分割する．また C_2 に沿った逆向きの経路を C_2': $(\boldsymbol{r}_0 \to \boldsymbol{r})$ とすると，

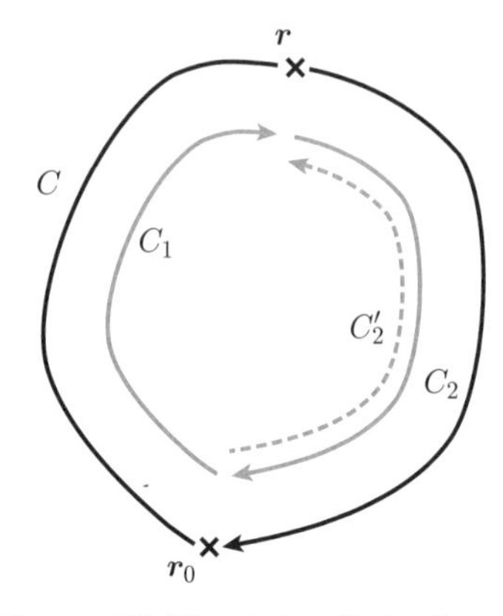

図 3.9　閉区間にわたる積分の模式図

$$\begin{aligned}\oint_C \boldsymbol{E}(\boldsymbol{r}') \cdot d\boldsymbol{r}' &= \oint_{C_1} \boldsymbol{E}(\boldsymbol{r}') \cdot d\boldsymbol{r}' + \oint_{C_2} \boldsymbol{E}(\boldsymbol{r}') \cdot d\boldsymbol{r}' \\ &= \oint_{C_1} \boldsymbol{E}(\boldsymbol{r}') \cdot d\boldsymbol{r}' - \oint_{C_2'} \boldsymbol{E}(\boldsymbol{r}') \cdot d\boldsymbol{r}' \\ &= 0\end{aligned} \tag{3.33}$$

したがって

$$\oint_{C_1} \boldsymbol{E}(\boldsymbol{r}') \cdot d\boldsymbol{r}' = \oint_{C_2'} \boldsymbol{E}(r') \cdot d\boldsymbol{r}' \tag{3.34}$$

である．C_1: $(\boldsymbol{r}_0 \to \boldsymbol{r})$ と C_2': $(\boldsymbol{r}_0 \to \boldsymbol{r})$ は $\boldsymbol{r}_0$ から $\boldsymbol{r}$ に向かう異なる経路である．このことから (3.32) を満たす場合，電場の線積分は積分の経路によらないことが分かる．したがって (3.25) のような場所 $\boldsymbol{r}$ のみの関数として静電ポテンシャルを定義できるのである．

3.1.5　静電ポテンシャルの意味

静電ポテンシャルの定義から，ポテンシャル $\phi(\boldsymbol{r})$ に置かれた電荷 q は，（ポテンシャルの基準点に対して）$q\phi(\boldsymbol{r})$ というエネルギーを持っている．

図 3.10 に示すように，電池を使って電極の間に電位差 V（> 0）を作り出した状況を考える．ポテンシャルの基準点を電池の負極側とし，その電位を 0

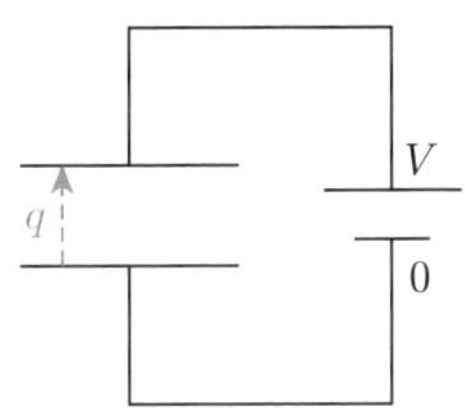

図 3.10 電位差を利用した荷電粒子の加速原理．図は V が正，q が負の場合の電荷の動きを示している．

と定義しよう．図 3.10 のように，電極の間を電荷 q (<0) を持つ粒子がその間を移動した場合，電荷のエネルギーは基準点に対して qV (<0) [J] となる．この状況は重力中の質点の運動において，質点の位置エネルギーが減少した場合と同様に考えることができる．質点の運動で位置エネルギーの減少は質点の運動エネルギーとなったように，電荷の場合も，基準点に対して減少したエネルギー qV は電荷の運動のエネルギーとなる．

この原理を使って電荷を持つ粒子（荷電粒子）にエネルギーを与える装置を**加速器**といい，素粒子や原子核の実験研究，病院での放射線治療などに幅広く使われている．

電子の持つ電荷，電気素量は (3.4) で定義されている．電位差 1 V の空間を電子が移動したときに得るエネルギーは，$e \times 1\ \mathrm{V} = 1.602176634 \times 10^{-19}$ J という非常に小さな値である．この値を使うのは不便であるので，加速器などでは，**電子ボルト**という単位 $1\ \mathrm{eV} = e \times 1\ \mathrm{V}$ を用いる．$10^3\ \mathrm{eV} = 1\ \mathrm{keV}$, $10^6\ \mathrm{eV} = 1\ \mathrm{MeV}$, $10^9\ \mathrm{eV} = 1\ \mathrm{GeV}$ と表し，例えば「この加速器のエネルギーは何 GeV である」という言い方をする（図 3.11 参照）．

3.1.6 等ポテンシャル面

2 次元平面で静電ポテンシャルが等しいところを結んだ線のことを**等ポテンシャル線**という．同じように 3 次元空間では，ポテンシャルが等しい面として，等ポテンシャル面を考えることができる．図 3.12 は，正負の電荷が作る電場（電気力線）と等ポテンシャル線を示している．ポテンシャルの定義から分かるように，電場中に置かれた電荷には，等ポテンシャル線方向に力ははたらかない．したがって，等ポテンシャル線に添って電荷を動かすときに仕事は

図3.11　素粒子物理学研究用の加速器の例．高エネルギー加速器研究機構にある直線型加速器．電子を7 GeV（70億電子ボルト）まで加速することができる．

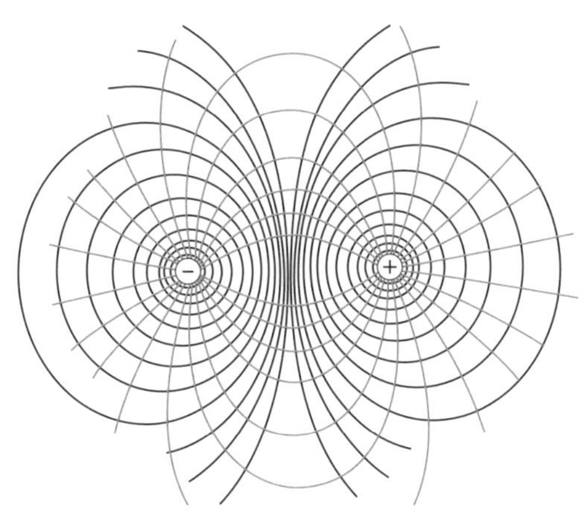

図3.12　正負の電荷のまわりの電場（青）と等ポテンシャル線（黒）．電場ベクトルと等ポテンシャル線は常に直交する．

発生しない．$\boldsymbol{\Delta r}$ を等ポテンシャル線にそった微小ベクトルとすると，仕事の定義，$w = \boldsymbol{f} \cdot \boldsymbol{\Delta r}$ から $w = 0$ ならば $\boldsymbol{f} \perp \boldsymbol{\Delta r}$．等ポテンシャル線と電場ベクトルは常に直交していることが分かる．議論を3次元に拡張しても同じことがいえ，等ポテンシャル面と電場ベクトルは常に直交する．次項で述べるように，導体の表面は**等ポテンシャル面**となっている．即ち導体表面と電場ベクトルは常に直交する．

3.1.7 導体と静電場

導体とは内部に動くことのできる電荷を持つ物質をいう．代表的なものは銅やアルミニウム等の金属であり，自由電子がその電荷を担っている．自由に動くことができるといっても，その動きやすさは物質によって異なる．ここでは導体内の電荷にはたらく力はつり合っており，電荷は静止していて，電場も変化しない状態を考える．導体中に電場があると，導体中の電荷は力を受けて動く．したがって，導体中で電荷が動いていないならば導体内部に電場は存在しない．導体内部に閉曲面を考えてガウスの法則を応用する．導体内部に電場は存在しないのだから，導体内の任意の閉曲面においてその内部の総電荷は0である．したがって導体の内部に電荷は現れない．導体に電荷が与えられた場合，電荷はその表面のみに現れることになる．また，導体内に電場が無いのだから電位差も生じない．導体は常に同電位になっている．

● **静電遮蔽**　内部に空間のある導体を考えてみよう．前述のように，導体内は電位は一定である．したがって，導体内の空間には電場は存在できない．電場があると電位差が生じるからである．導体内部には電位差も電場も生じないことは導体外部の電位や電場の状況によらない．導体内部はその外部から遮断された状況になっている．物体を導体で囲むことによって，外部の電荷や電場の影響から遮断することを**静電遮蔽**という．例えば，自動車に落雷があっても中に乗っている人が安全なのはこの原理による．自動車の車体は金属でできているので落雷があっても車体は同電位である．したがってその内部の空間には電位差が生じない[5]．また電子回路において，回路を導体で囲むことによって外部電位の変化（いわゆるノイズ）から守る手法は電子回路の安定した動作のための技術としてよく使われている．

---

[5] 落雷は，車体に電流（3.2.1 項参照）が流れるので静電場の現象ではない．しかし導体が同電位であるためその内部の空間に電位差が生じないという，静電遮蔽の原理によることは同じである．ただし，車内の金属に体が触れていると体に電流が流れてしまうので気をつけなければならない．

ステップアップ **導体の形状とそのまわりの電場**

電荷を持った導体ではその内部全体にわたって電場を打ち消すために，導体表面の電荷分布にはその形状による粗密が生じる．これを定性的に考えよう[6]．図3.13のように半径，a, b の2つの球状の導体を細い導線で結ぶ．導線は十分に細く電場の形状には影響せず，また，2つの導体もその半径に比べて十分に離れているとする．その場合，2つの球の電位は等しいが，そのまわりの電場は，それぞれの球が単独で存在する場合の電場と変わらないと考えて差し支えない．半径 a の球の電荷を Q_a, b の電荷を Q_b とする．2つの導体球は同電位なので，表面の電位，$\phi(a)$, $\phi(b)$ は

$$\phi(a) = \frac{Q_a}{4\pi\epsilon_0 a} = \phi(b) = \frac{Q_b}{4\pi\epsilon_0 b} \tag{3.35}$$

したがって，

$$\frac{Q_a}{Q_b} = \frac{a}{b} \tag{3.36}$$

それぞれの球の表面積は，$4\pi a^2, 4\pi b^2$ なので，球表面の電荷密度を ρ_a, ρ_b とすると，

$$\frac{\rho_a}{\rho_b} = \frac{Q_a}{4\pi a^2}\frac{4\pi b^2}{Q_b} = \frac{a}{b}\frac{4\pi b^2}{4\pi a^2} = \frac{b}{a} \tag{3.37}$$

となる．半径 R の球殻の作る電場の例から分かるように，導体表面の電場は電荷密度に比例する．よって，電場の大きさ，E_a, E_b の関係は，

$$\frac{E_a}{E_b} = \frac{b}{a} \tag{3.38}$$

となり，導体表面近傍の電場強度はその半径に反比例する．球表面の電位は同じであっても，半径の小さい球の表面近傍の方が電場強度（= 電位の勾配）が大きいこと

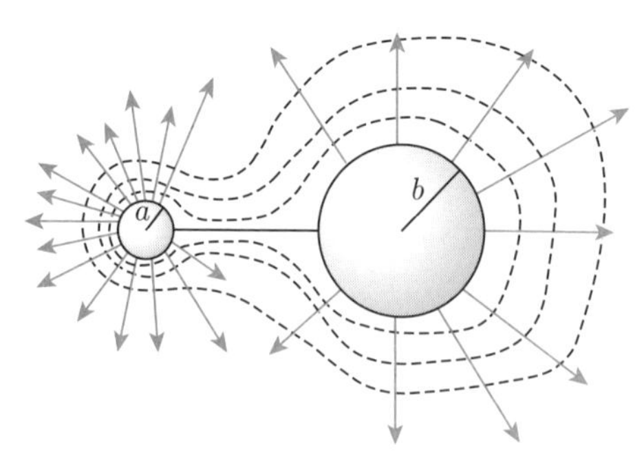

図3.13 導体の形状による，電場の違い．曲率半径の小さい部分の表面には電荷が集まるため，電場が強くなる．

[6] 宮島龍興訳，ファインマン物理学3 電磁気学，岩波書店．

が分かる．図 3.13 はその様子を模式的に示している．電荷を持った物体があるとき，針先のようにとがった部分は電場が強い．人体は（抵抗は大きいが）導体である．人体に電荷が溜まった状態で金属に触ると放電が起きることがある．これは，人体のまわりの電場強度が高く，通常は絶縁体である空気を超えて電荷が人体から金属へ移動したことによる．静電気による放電が手のひらより，よりとがった指先で起こりやすいのは日常でも経験することがあるだろう．

3.1.8 鏡 像 法

導体の近くの電場の様子を調べるための**鏡像法**（または**電気映像法**）について説明する．図 3.14 (a) のように，無限に広い導体平板から距離 h のところに電荷 Q を置いたとしよう．導体内は同電位であることは以前述べたが，その電位は 0 に保たれているとする[7]．導体の表面は同電位であるため，導体表面と電場ベクトルは直交する．このときの電場（と電位）は，導体表面に対して電荷 Q と対称な位置に電荷 $-Q$ を置いたときにできる電場（と電位）に等しい．電荷 $-Q$ は実際にこのような電荷が生じるのではなく，この問題を考えるための仮想的なものであることに注意してほしい．実際には電荷 Q の影響によって，導体内の電荷が引き付けられて表面に現れる（**誘起**されるという）．その誘起された電荷全体の影響を仮想電荷と同じものとして考えることができるのである．

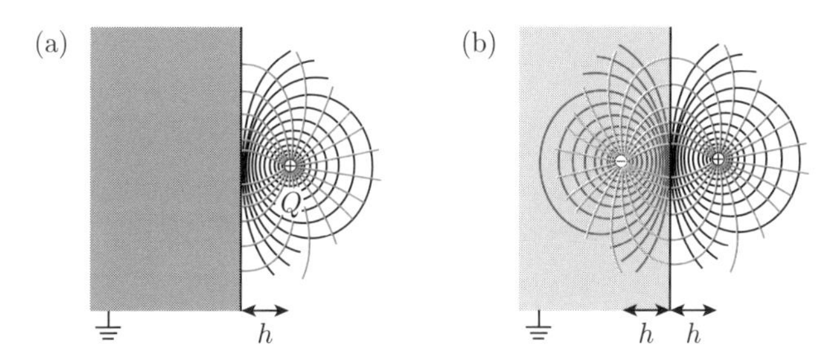

図 3.14　鏡像法の考え方．(a) 無限に広い導体から距離 h のところに，電荷 Q を置いたときの，電気力線と等電位線．(b) 導体面に対して対称な位置に電荷 $-Q$ を置いたときの様子．

[7] 電位が 0 の場所と接続されている状態である．接地されていると表現することが多い．

例題 3.2

図 3.14 において，導体の表面に誘起される電荷を求めよ．

【解答】 図 3.15 に示すように座標系をとり，電荷 Q を $(0,0,h)$，と鏡像電荷 $-Q$ を $(0,0,-h)$ に置く．導体は $z<0$ にあるとする．導体表面上の点 $\boldsymbol{r}=(x,y,0)$ に電荷 Q が作る電場 $\boldsymbol{E}_Q$ の x, y, z 方向成分は $r^2=x^2+y^2$ として，

$$E_{Qx}=\frac{Q}{4\pi\epsilon_0(r^2+h^2)}\frac{x}{\sqrt{r^2+h^2}} \tag{3.39}$$

$$E_{Qy}=\frac{Q}{4\pi\epsilon_0(r^2+h^2)}\frac{y}{\sqrt{r^2+h^2}} \tag{3.40}$$

$$E_{Qz}=-\frac{Q}{4\pi\epsilon_0(r^2+h^2)}\frac{h}{\sqrt{r^2+h^2}} \tag{3.41}$$

また，同じ場所に鏡像電荷が作る電場は

$$E_{-Qx}=-\frac{Q}{4\pi\epsilon_0(r^2+h^2)}\frac{x}{\sqrt{r^2+h^2}} \tag{3.42}$$

$$E_{-Qy}=-\frac{Q}{4\pi\epsilon_0(r^2+h^2)}\frac{y}{\sqrt{r^2+h^2}} \tag{3.43}$$

$$E_{-Qz}=-\frac{Q}{4\pi\epsilon_0(r^2+h^2)}\frac{h}{\sqrt{r^2+h^2}} \tag{3.44}$$

x 方向と y 方向の電場は電荷と鏡像電荷が打ち消し合うため，導体表面の電場は z 方向の成分しか持たない．したがって，導体表面の電場は

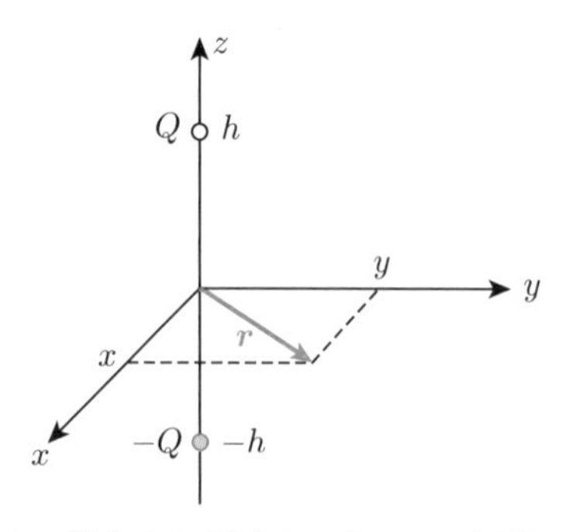

図 3.15 無限に広い導体から距離 h のところに電荷 Q を置いたときに誘起される電荷密度の計算．導体は $z<0$ にあるとし，$z=0$ 面上の点 $\boldsymbol{r}=(x,y,0)$ における電荷密度を計算する．

$$E_z = E_{Qz} + E_{-Qz} = -\frac{Q}{2\pi\epsilon_0(r^2+h^2)}\frac{h}{\sqrt{r^2+h^2}} \tag{3.45}$$

となる．導体表面に誘起される電荷は，無限に広がった電荷分布の場合 (3.18) を応用して求めることができる．今の場合，電場は導体外部にしか存在しないので，導体表面上の点 $\boldsymbol{r}$ の電荷密度 $\sigma(r)$ と電場の関係は

$$E_z(\boldsymbol{r}) = \frac{\sigma(\boldsymbol{r})}{\epsilon_0} \tag{3.46}$$

よって，導体表面に誘起される電荷密度は，

$$\sigma(\boldsymbol{r}) = \epsilon_0 E_y(\boldsymbol{r}) = -\frac{Q}{2\pi(r^2+h^2)}\frac{h}{\sqrt{r^2+h^2}} \tag{3.47}$$

となる．また，導体表面に誘起された電荷の総和は $-Q$ になる．これは，電荷密度 (3.47) を $z=0$ 平面上で積分することによっても確かめることができる[8]．

□

3.1.9 静電容量とコンデンサ

半径 R の帯電した球について再考する．球の全電荷を Q とすると，球表面の電位は (3.31) を用いて，

$$\phi(R) = \frac{Q}{4\pi\epsilon_0}\frac{1}{R} \tag{3.48}$$

と書くことができる．ここで**静電容量** $C \equiv 4\pi\epsilon_0 R$ を定義すると，球の電荷と電位の間には $Q = C\phi(R)$ という比例関係が成り立つ．これは球に電位を与えることによって電荷 Q を蓄えたと考えることができる．この性質を利用して，電荷を蓄える素子を**コンデンサ**といい，電子回路に非常に多く使われている[9]．

2 つの導体が真空中に置かれており，それぞれ，$+Q$, $-Q$ のように等量で反対符号の電荷が与えられているとしよう．この導体対を離れたところから見ると，電荷の和は 0 であり，ガウスの法則から電場は存在せず電位差も生じてい

---

[8] この積分の遂行には重積分，または極座標における積分の知識が必要なため，興味ある読者の演習に残しておく．

[9] 日本ではコンデンサという名称が一般的だが，英語ではキャパシタ（capacitor）という．英語の condenser は違った意味になるので注意が必要．

ない．したがって，電位差は導体間にのみ生じており，2つの導体の電位差を V とすると，

$$Q = CV \tag{3.49}$$

が成り立つと考えることができる．静電容量 C は導体の形状や配置によって決まる定数である．

例：平行板コンデンサ

2つの平行に向かい合った平板導体を考える．導体間の距離を d，平板の面積を S とする．このときの静電容量を考察する．図 3.16 のように2つの導体（**極板**という）に $+Q$, $-Q$ の電荷を与え，そのときの極板間の電位差を V とする．極板間の距離 d は小さく，極板がつくる電場は無限に広がった帯電した板の電場と同様であるとする．極板は z 軸に垂直に置かれており，$+Q$ に帯電した極板と $-Q$ に帯電した極板の z 座標をそれぞれ，$z = 0, d$ とする．$+Q$ に帯電した極板に対してガウスの法則を適用すると，電場は

$$E_z = \frac{1}{2\epsilon_0}\frac{Q}{S}\frac{z}{|z|} \tag{3.50}$$

である．$-Q$ に帯電した極板の作る電場は,

$$E_z = -\frac{1}{2\epsilon_0}\frac{Q}{S}\frac{z-d}{|z-d|} \tag{3.51}$$

となり，それぞれの電場は，極板間では $+Q$ の電場と同方向，それ以外の場所では逆方向で打ち消し合っている．したがって,

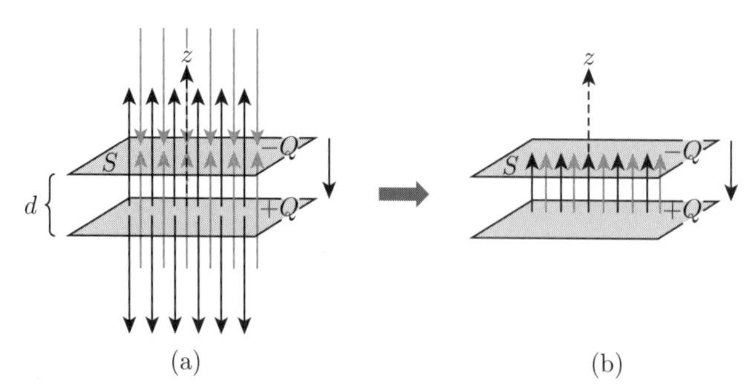

図 3.16 平行板コンデンサのまわりの電場．両極版に与えられた電荷のつくる電場は，極板の外側では打ち消し合い，極板間では強め合う．

$$E_z = \frac{1}{\varepsilon_0}\frac{Q}{S}\frac{z}{|z|} \quad (0 < z < d) \tag{3.52}$$

$$E_z = 0 \quad \begin{cases} z \leq 0 \\ d \leq z \end{cases} \tag{3.53}$$

となり，電場は極板の間にのみ存在する．$-Q$ に帯電した極板を電位の基準とすると，極板間の電位差 V は

$$V = -\int_d^0 E\,dz = \frac{1}{\varepsilon_0}\frac{Q}{S}d \tag{3.54}$$

$Q = CV$ と比較すると，

$$C = \frac{\epsilon_0 S}{d} \tag{3.55}$$

である．SI 単位系で，静電容量の単位は $[\mathrm{M}^{-2}\,\mathrm{K}^{-1}\,\mathrm{S}^4\,\mathrm{A}^2]$ だが，これにはファラッド [F] という名称がついている．1 F は実用的には大きな値であり，pF（ピコファラッド 10^{-12} F）や μF（マイクロファラッド 10^{-6} F）という単位がよく使われる．

例題 3.3

半径 a の球とそれを囲む同心の半径 b の球殻（$a < b$）からなるコンデンサの静電容量を求めよ．

【解答】 内側の導体に $+Q$，外側の球殻に $-Q$ の電荷を与えたとき，内側の導体と球殻の電位差が V であったとする．ガウスの法則を適用すると，電場は球と球殻の間にのみ存在し，

$$E(r) = \frac{Q}{4\pi\epsilon_0}\frac{1}{r^2} \tag{3.56}$$

である．外側の球殻を電位の基準として，

$$V = -\frac{Q}{4\pi\epsilon_0}\int_b^a \frac{1}{r^2}\,dr = \frac{Q}{4\pi\epsilon_0}\frac{b-a}{ab} \tag{3.57}$$

$Q = CV$ と比較して，

$$C = \frac{4\pi\epsilon_0 ab}{b-a} \tag{3.58}$$

□

3.1.10 コンデンサに蓄えられたエネルギー

コンデンサの極板間の電位差が v であり，電荷 $+q$, $-q$ がそれぞれの極板にたまっている．この状態から，微小な電荷 $-dq$ を負側へ，$+dq$ を正側の電極に与える．このために必要な仕事は $v\,dq = vC\,dv$ である（$q = Cv$ より，$dq = C\,dv$）．したがって，コンデンサを $q = 0$ から $q = Q$（負電極に $-Q$，正電極に $+Q$ の電荷がある状態）まで充電するのに必要な仕事 W は

$$W = \int_0^Q v\,dq = C\int_0^V v\,dv = \frac{1}{2}CV^2 \tag{3.59}$$

となる．ここで，$V = \frac{Q}{C}$ は充電後の極板間の電位差である．すなわちコンデンサの電極に（電位差を与えて）電荷を蓄えることによって，コンデンサにエネルギーを蓄えることができる．

このコンデンサのエネルギーを見方を変えて考えてみよう．(3.55) で求めた静電容量の平行板コンデンサを考えると，平行板コンデンサに蓄えられたエネルギーは

$$\begin{aligned} W &= \frac{1}{2}CV^2 = \frac{1}{2}\frac{\epsilon_0 S}{d}V^2 = \frac{1}{2}\epsilon_0\left(\frac{V}{d}\right)^2 Sd \\ &= \frac{1}{2}\epsilon_0 E^2 Sd \end{aligned} \tag{3.60}$$

と書き直すことができる．ここで，$E = \frac{V}{d}$ は，コンデンサ中の電場の大きさ，Sd はコンデンサの体積である．したがってこの結果は，電場 E があると，そこには単位体積あたり，

$$\frac{1}{2}\epsilon_0 E^2 \tag{3.61}$$

という**電場のエネルギー**があると解釈することができる．ここでは，平行板コンデンサについて計算したが，これは一般的に導くことができる結果である．現時点では，式の書き換え以上の意味を持たないが，3.5 節で述べるような電磁波がある場合には本質的な意味を持つ．

3.1.11 コンデンサの接続

実際の電気回路ではコンデンサを複数個用いることが多い．この場合について考察する．図 3.17 (a) は静電容量がそれぞれ C_1, C_2 のコンデンサを 2 個つないだ様子である．このような接続を**並列接続**という．並列に接続された場合，2 つのコンデンサの接続された点（図の a, b 点および c, d 点）の電位は等しい．したがって静電容量 C_1 のコンデンサには $Q_1 = C_1V$，C_2 のコンデンサには $Q_2 = C_2V$ の電荷が蓄えられる．回路全体では $Q = Q_1 + Q_2 = (C_1 + C_2)V$ であり，これは静電容量 $C = C_1 + C_2$ のコンデンサと等価である．コンデンサが n 個並列に接続された場合も同様であり，

$$C = \sum_{i=1}^{n} C_i \tag{3.62}$$

と表すことができる．

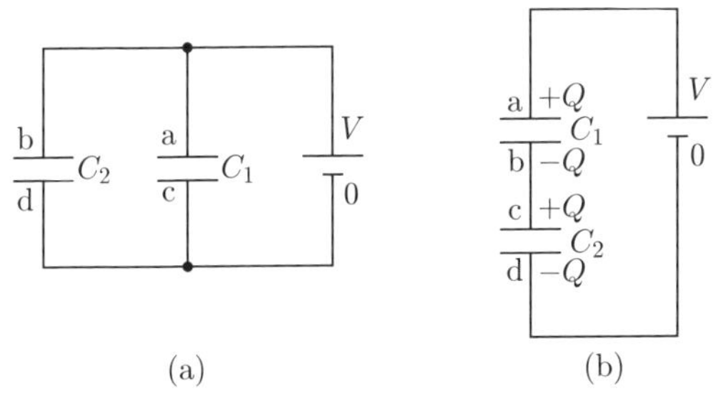

図 3.17 コンデンサの (a) 並列接続と (b) 直列接続

次に，図 3.17 (b) のように接続した場合を考えよう．このような接続方法を**直列接続**という．直列に接続された回路においては，各極板に蓄えられた電荷が等しい．電池を使って接続された極板間に電位差を与える前を考えると，回路全体で電荷は 0 である．したがって，図の a 点に蓄えられた電荷が $+Q$ であるとすると，最下流の d 点には $-Q$ の電荷が生じる．コンデンサには正負等量の電荷が蓄えられるので，b 点には $-Q$，c 点には $+Q$ の電荷が生じる（b–c 上の電荷を加えると 0）．つまり，2 つのコンデンサに蓄えられた電荷は等しい．そこで，C_1 の両極間の電位差を V_1，C_2 のそれを V_2 とすると，$Q = C_1V_1 = C_2V_2$，また a–d 間の電位差は V なので，

$$V = V_1 + V_2 = \frac{Q}{C_1} + \frac{Q}{C_2} = Q\left(\frac{1}{C_1} + \frac{1}{C_2}\right) \tag{3.63}$$

よって，これは静電容量を C として，

$$\frac{1}{C} = \frac{1}{C_1} + \frac{1}{C_2} \tag{3.64}$$

となる一つのコンデンサとみなすことができる．3 個以上の直列接続の場合は，

$$\frac{1}{C} = \sum_i \frac{1}{C_i} \tag{3.65}$$

である．

3.1.12 物質中の電場

● **誘電率** これまでは電荷が真空中にある場合のみを考えてきた．電荷（そして電場）が物質中にある場合はどうなるだろうか．ただし物質といっても導体ではなく，電荷が自由に動くことのできない物質，絶縁体を考える．木，陶器，空気など身のまわりに多く存在している．

物質は原子や分子からできている．通常の状態では，原子や分子内部の電荷は均等に配置している．そこに電場が加わると，物質内の正電荷は電場の方向，負電荷の電子は電場と反対方向に引っ張られ，物質内で電荷の偏りが起こる．これを**分極**という[10]．図 3.18 (a) のように，物質の中心に正電荷 Q (> 0)（真電荷と呼ぶ）を置いたとしよう．物質中の負電荷は真電荷 Q に引き寄せられ，逆に正電荷は反発力を受け，物質全体に電荷の偏りが起こる．物質中の隣接した場所では正電荷と負電荷の影響は打ち消し合うため，結果として物質の表面と電荷 Q の近傍のみに電荷が生じた（誘起された）と考えることができる．この電荷を**分極電荷**という．物質内に置いた真電荷の周辺に着目すると，そこでは真電荷のまわりに負の分極電荷が誘起され，結果として真電荷 Q の大きさが減少したような効果を与える．ガウスの法則 (3.10) を考えると，分極によって物質内部の電場は小さくなることが分かる．分極の効果は，図 3.18 (b) に示すように，分極によって生じた**分極ベクトル** $\boldsymbol{P}$ を用いて表すことができる．分

[10] 物質の中には，通常の状態でも分極が生じているものもある．自発分極と呼ばれる現象だが，ここでは考えない．

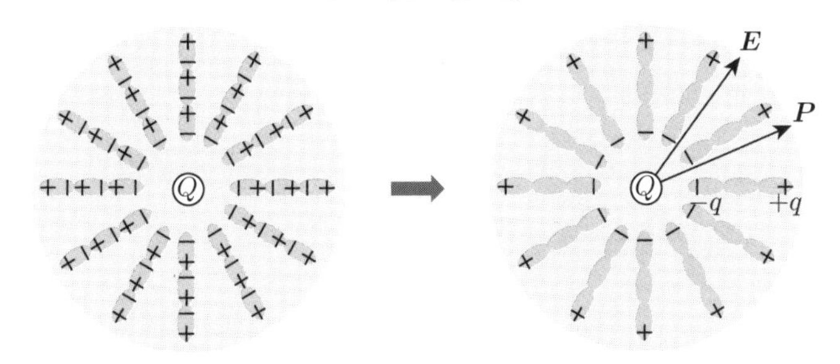

図 3.18　物質の分極の模式図．物質中に置かれた電荷 Q（> 0）によって，物質中の負電荷と正電荷の位置に偏りが生じる．物質中の隣接した場所では正電荷と負電荷の影響は打ち消し合うため，物質の表面と電荷 Q の近傍のみに分極電荷 q が生じたと考えることができる．

極ベクトルは分極によって誘起された負電荷から正電荷に向かう方向のベクトルとして定義されていることに留意せよ．

分極ベクトルは，分極によって誘起された分極電荷 q によって生じたものである．よって，電場ベクトルの場合と同様に分極ベクトルについてもガウスの法則 (3.10) を考え，

$$\int \boldsymbol{P} \cdot \boldsymbol{n}\, dS = -q \tag{3.66}$$

とすることができる．右辺の負号は分極ベクトルの方向が負電荷から正電荷に向かうことを示している．結局，真電荷 Q によってできた電場 $\boldsymbol{E}$ と分極ベクトル $\boldsymbol{P}$ には

$$\int \boldsymbol{E} \cdot \boldsymbol{n}\, dS = \frac{1}{\epsilon_0}Q + \frac{1}{\epsilon_0}q = \frac{1}{\epsilon_0}Q - \frac{1}{\epsilon_0}\int \boldsymbol{P} \cdot \boldsymbol{n}\, dS \tag{3.67}$$

という関係が成り立つ．よって物質中のガウスの法則を

$$\int (\epsilon_0 \boldsymbol{E} + \boldsymbol{P}) \cdot \boldsymbol{n}\, dS = \int \boldsymbol{D} \cdot \boldsymbol{n}\, dS = Q \tag{3.68}$$

と表すことができる．ここで，$\boldsymbol{D} \equiv \epsilon_0 \boldsymbol{E} + \boldsymbol{P}$ は**電束密度ベクトル**というベクトル量である．

上の例では，電場の源として真電荷 Q を想定したが，この議論は物質に外部から与えられた電場によって生じた分極に一般化することができる．通常の物質では電場が与えられると，電場に比例した分極ベクトルが生じる．そこで，電場 $\boldsymbol{E}$ と分極ベクトル $\boldsymbol{P}$ の関係を

$$\boldsymbol{P} = \chi_e \boldsymbol{E} \tag{3.69}$$

とする．χ_e は**電気感受率**といい，物質によって決まる係数である．これを用い**電束密度ベクトル** $\boldsymbol{D}$ を

$$\boldsymbol{D} \equiv \epsilon_0 \boldsymbol{E} + \boldsymbol{P} = \epsilon_0 \boldsymbol{E} + \chi_e \boldsymbol{E} = (\epsilon_0 + \chi_e)\boldsymbol{E} \tag{3.70}$$

と定義する．物質の**誘電率**を

$$\epsilon = \epsilon_0 + \chi_e \tag{3.71}$$

とすると，真空も含めて誘電率の異なる「物質」として同様に取り扱うことができる．ガウスの法則 (3.10) の右辺の真空の誘電率 ϵ_0 を誘電率 ϵ で置き換えればよいのである．また，真空の誘電率と物質の誘電率の比，比誘電率

$$\epsilon_r = \frac{\epsilon}{\epsilon_0} \tag{3.72}$$

もよく用いられる．平行板コンデンサの静電容量 (3.55) から，誘電率の大きな物質を極板間に挿入することによってコンデンサの静電容量を増加できることが分かる．実際に電気回路などで用いられるコンデンサもこの性質を応用して静電容量を増やしている．表 3.1 にいくつかの物質の誘電率を示した．セラミックや雲母は実際のコンデンサにもよく使われる．図 3.19 は実際のコンデンサの写真である．電束密度ベクトル $\boldsymbol{D}$ を用いるとガウスの法則は

$$\int \boldsymbol{D} \cdot \boldsymbol{n}\, dS = Q \tag{3.73}$$

という簡単な形となる[11]．

表 3.1　比誘電率の例

物質	比誘電率（ϵ_r）
セラミック（アルミナ）	8.5
雲母	7
石英ガラス	3.5～4.0
砂（SiO_2）	4.5

日本物理学会編：『物理データ事典』より抜粋

[11] 電束密度を使うと，ガウスの法則から誘電率を消すことができる．そのため，電場より電束密度を基本的なものとし，ガウスの法則は電荷が電束密度を生じると考えることができる．本書では，力学（$\boldsymbol{F} = q\boldsymbol{E}$）を記述する電場を基本とし，誘電率は（真空も含めた）媒質の性質を表す量とする立場で記述している．

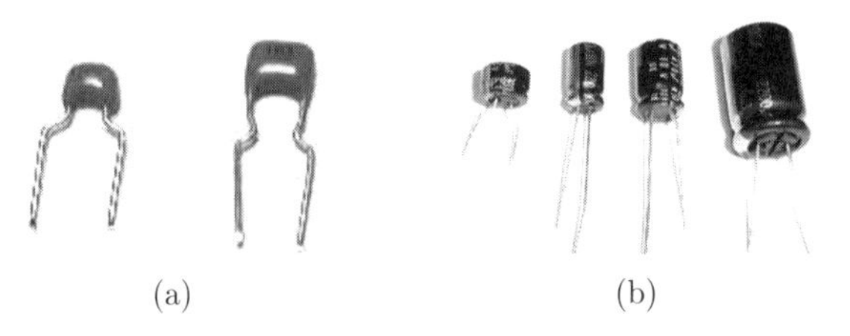

(a) (b)

図 3.19 実際のコンデンサの写真．(a) は極板間にセラミックを充填した，積層セラミックコンデンサ．静電容量は 0.1 μF 程度．(b) は酸化アルミを用いた電解コンデンサ．静電容量は 10〜1,000 μF 程度．

3.2 定 常 電 流

これまでは，電荷が静止している状態を考えてきたが，ここから電荷が動いている状態の議論を始めることにする．ただし，電荷は移動するがその速度は一定である状況を考える．

3.2.1 電　流

点 $\boldsymbol{r}$ にある電荷がある方向に動いていたとする．すると，電荷が動く方向とその量からベクトル量 $\boldsymbol{j}(\boldsymbol{r})$ が定義できる．これを**電流密度**という．方向は電荷の移動する方向であり，大きさは電荷が単位面積を単位時間あたりに移動する量 $[\mathrm{C}/(\mathrm{s}\cdot\mathrm{m}^2)] = [\mathrm{A}/\mathrm{m}^2]$ である．

電流密度のミクロな意味を考える．物質中で電流を担うものは物質中を動くことができる電子，すなわち自由電子である．自由電子の速度を $\boldsymbol{v}$，単位体積あたりの数を n $[/\mathrm{m}^3]$ とする．図 3.20 にあるように単位時間に単位面積 $S = 1$ の断面を移動する電子の数は $n|\boldsymbol{v}|$ なので電流密度 $\boldsymbol{j}(\boldsymbol{r})$ は，電荷素量 e を用いて，

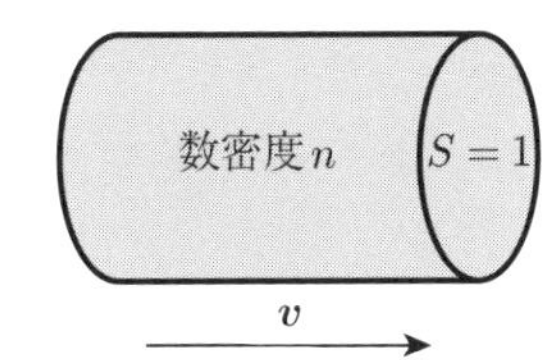

図 3.20 単位時間に単位面積を通過する電子の数 $n|\boldsymbol{v}|$

$$\boldsymbol{j}(\boldsymbol{r}) = -en\boldsymbol{v}(\boldsymbol{r}) \tag{3.74}$$

と表すことができる．実際の電流を考えるときは，導体（電線）中を流れる電流を考えることが多い．その場合，電流 I を導体の断面を単位時間に通過する

電荷の総量として定義する.

$$I = \int \boldsymbol{j}(\boldsymbol{r}) \cdot \boldsymbol{n} \, dS \tag{3.75}$$

電気回路では，図 3.21 のように，断面積 S 中の電線を流れる電流を考えることが多く，その場合は，$I = jS$ と表すことができる．電流 I の単位は [A]（アンペア）である（付録 A を参照).

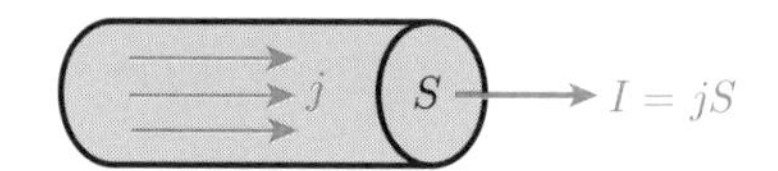

図 3.21 電流密度と電流の関係．電流密度と垂直な面を単位時間に横切る電荷量として電流を定義する.

3.2.2 電荷の保存とキルヒホフの第 1 法則

前節で述べた電流と電荷の関係について考察を進めよう．図 3.22 は，空間の一定の領域から出て行く電流と領域内の電荷量 Q の時間変化を表している．領域内に入る電流は負の電流が出ると考えると，$\sum_{i=1}^{n} I_i$ は単位時間あたりの領域内の電荷量の変化，$-\frac{dQ}{dt}$ と等しい．負号は，正電流はその領域の電荷を減少させるという意味である．この関係は

$$\sum_{i=1}^{n} I_i = -\frac{dQ}{dt} \tag{3.76}$$

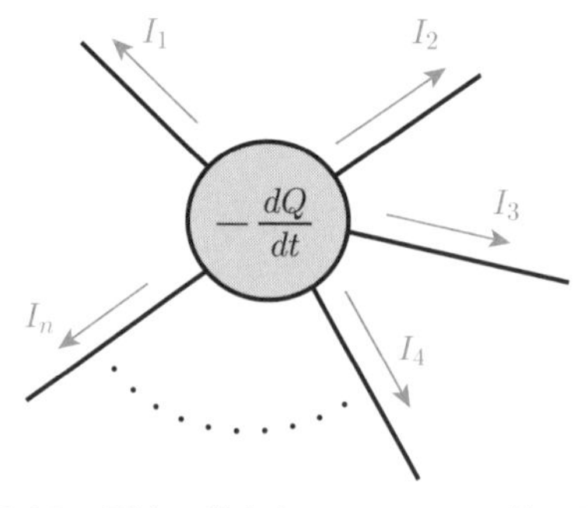

図 3.22 電流の保存とキルヒホフの第 1 法則

と表すことができる．電流は電荷の流れなので，領域内に出入りする電流の総和がその領域の電荷の変化量に等しいということは，「電荷量の増減があるときは必ず電流として流入または流出しており，電荷が消えたりまた突然増えたりすることはない.」ということを意味する．これを**電荷保存則**といい，現代物理学において電荷の保存に反する事例は観測されていない．

定常電流では常に一定の電流が流れているので，特定の場所に電荷が溜ることは無く，$\frac{dQ}{dt} = 0$ が成り立っている．したがって定常電流の場合，

$$\sum_{i=1}^{n} I_i = 0 \tag{3.77}$$

となる[12]．これは**キルヒホフの第 1 法則**と呼ばれ，電気回路に流れる電流を計算する場合の基本法則である．

3.2.3 オームの法則と抵抗

導体中を自由電子が動くのは電子に力がはたらくからである．導体中に $\boldsymbol{E}(\boldsymbol{r})$ が生じたとき電子にはたらく力 $\boldsymbol{F}$ は，電荷素量 e を用いて，$\boldsymbol{F} = -e\boldsymbol{E}(\boldsymbol{r})$ である．電子は導体中の原子と衝突しながら移動するが，この状況は良い近似で電子の速度 $\boldsymbol{v}$ に比例する抵抗 $-k\boldsymbol{v}$ がはたらくと考えることができる．k は電子にはたらく抵抗の大きさを表す定数である．電子の質量を m，加速度を $\boldsymbol{a}$ とすると，電子の運動方程式は $m\boldsymbol{a} = -e\boldsymbol{E} - k\boldsymbol{v}$ となる．したがって，電場による力と抵抗がつり合あって $m\boldsymbol{a} = 0$ となるとき電子の移動の速さは $|v| = \left|\frac{eE}{k}\right|$ となり，(3.74) より電場に比例する電流が流れることが分かる．実際に多くの物質において電場 $\boldsymbol{E}$ と電流密度 $\boldsymbol{j}$ の間には非常に良い精度で比例関係

$$\boldsymbol{j}(\boldsymbol{r}) = \sigma \boldsymbol{E}(\boldsymbol{r}) \tag{3.78}$$

があることが知られている．これを**オームの法則**という．σ は**電気伝導率**といい，物質中における電子の動きやすさを表す係数である．表 3.2 にいくつかの物質の電気伝導率をまとめている．また，電気抵抗率の逆数 $\rho = \frac{1}{\sigma}$ を**抵抗率**といい，これを使うことも多い．

---

[12] 分岐点に電流が流れ込む場合は負の電流が流れ出るとすれば，常に (3.77) で表すことができる．

表 3.2 代表的な物質の電気伝導率

	物質	温度 (°C)	電気伝導率 (A/(V・m))
導体	アルミニウム	0	4.0×10^7
	金	0	4.8×10^7
	銅	0	6.5×10^7
	鉄	0	1.1×10^7
絶縁体	雲母	室温	10^{-13}
	アルミナ		$10^{-12} \sim 10^{-9}$
	石英ガラス		$\leq 10^{-16}$

国立天文台編：理科年表の値より筆者換算

電流密度から導体中を流れる電流を定義したように，電気伝導率や抵抗率も一定の大きさを持つ導体中を流れる電流に対して考える方が実用的な場合が多い．前述の，断面積 S の線状の導体を流れる電流と電流密度の関係にオームの法則を適用すると，$I = jS = \sigma ES$ となる．導体の長さを ℓ とすると，導体の両端の電位差は $V = E\ell$ なので，

$$I = \sigma ES = \frac{\sigma S}{\ell} V = \frac{V}{R} \tag{3.79}$$

と書くことができる．$R = \frac{\ell}{\sigma S}$ をこの導体の**抵抗**という．一般にはオームの法則として，この関係，$V = IR$ の方がよく知られている．抵抗の単位は [V/A] だが，これには [Ω]（オーム）という名前が付いている．ここで示した，抵抗と電線の長さ，断面積の関係は，あくまで一様な断面積を持った線上導体のときの関係であることに留意してほしい．次の例は一様な断面ではない球形の導体の抵抗を計算した例である．

例題 3.4

半径 a の導体球の中心部分に半径 b の空間部分があるとする．このとき球の内壁と外壁の間の抵抗を求めよ．ただし導体の電気抵抗率を σ とする．

【解答】 図 3.23 のように，内壁と外壁の間に電位差 V を与えたとき，流れた電流が I だったとする．このとき，導体内に半径 r の球面を考えると，そこでの電流密度は

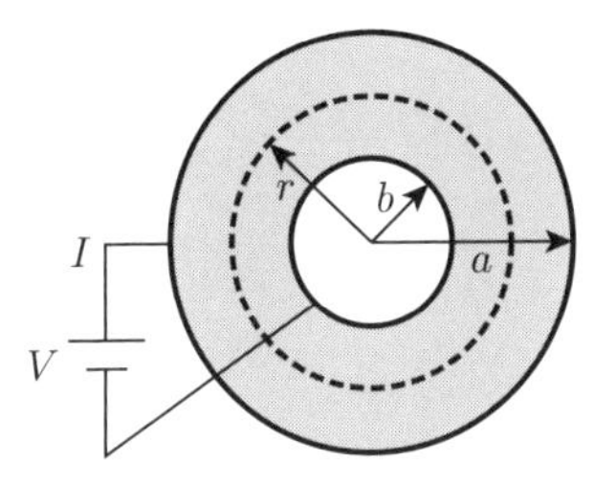

図 3.23　外径 a，内径 b の導体球の抵抗の考え方

$$j(r) = \frac{I}{4\pi r^2} \tag{3.80}$$

となる．電流密度と電場の関係 $j = \sigma E$ より，

$$E(r) = \frac{I}{4\pi\sigma r^2} \tag{3.81}$$

したがって，

$$V = \int_b^a E(r)\,dr = \frac{I}{4\pi\sigma}\int_b^a \frac{1}{r^2}\,dr = \frac{I}{4\pi\sigma}\frac{a-b}{ab} \tag{3.82}$$

電流と抵抗の関係 $V = IR$ と比較すると，

$$R = \frac{a-b}{4\pi\sigma ab} \tag{3.83}$$

となる．□

3.2.4　キルヒホフの第 2 法則と外部起電力

静電場の閉区間にわたる線積分は常に 0 であり，これを用いて静電ポテンシャルを定義した（(3.32)）．電場の線積分は電位の変化なので，閉じた区間を 1 周したときの電位の変化は 0 である．これを抵抗を流れる電流について応用すると

$$\sum_{i=1}^{n} I_i R_i = 0 \tag{3.84}$$

となる．どのような複雑な回路でも，任意の閉じた区間にわたって電位の変化を加えると必ず 0 となる（図 3.24 (a)）．

一般的な回路では電池などを利用して，回路に電位差を生じさせることが多い．電池では化学反応を利用して回路中に電位差を生成する．これは電磁気学

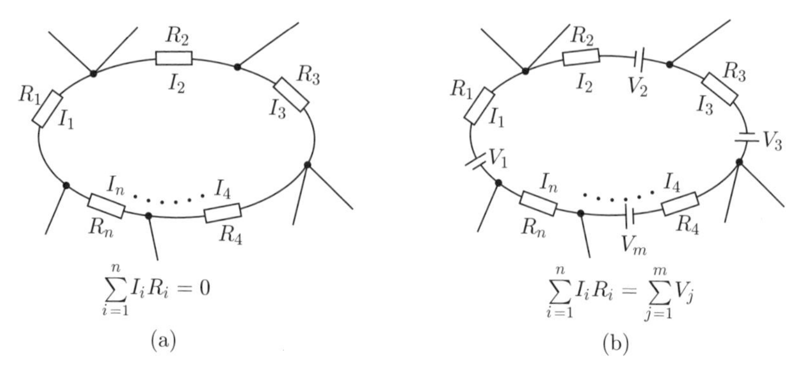

図 3.24 キルヒホフの第 2 法則．(a) 外部起電力の無い場合と (b) ある場合

の法則には含まれないものであり**外部起電力**という．図 3.24 (b) はその様子を表しており，この場合は

$$\sum_{i=1}^{n} I_i R_i = \sum_{j=1}^{m} V_0 \tag{3.85}$$

が成り立つ．この電位に関する法則を**キルヒホフの第 2 法則**という．

3.2.5 キルヒホフの法則と抵抗の接続

図 3.25 (a) のように，2 つの抵抗と電池からなる回路を考える．c 点に流れ込む電流 I は，抵抗 R_1 を流れる I_1 と R_2 を流れる I_2 に分かれる．電流の流れる方向を図のように定めると，キルヒホフの第 1 法則 (3.77) により，$I = I_1 + I_2$ が成り立つ．

次に回路中の電位について考察する．点 e から抵抗 R_2 を通らずに電池を介して周回する回路，e → d → a → e を考えると，キルヒホフの第 2 法則より，$I_1 R_1 = V$ が成り立っている．同様の考察を R_2 を通る回路，e → c → b → e について行うと，$I_2 R_2 = V$ となる．したがって

$$I = I_1 + I_2 = \frac{V}{R_1} + \frac{V}{R_2} = V\left(\frac{1}{R_1} + \frac{1}{R_2}\right) \tag{3.86}$$

このような抵抗の接続を**並列接続**といい，二つの抵抗は

$$\frac{1}{R} = \frac{1}{R_1} + \frac{1}{R_2} \tag{3.87}$$

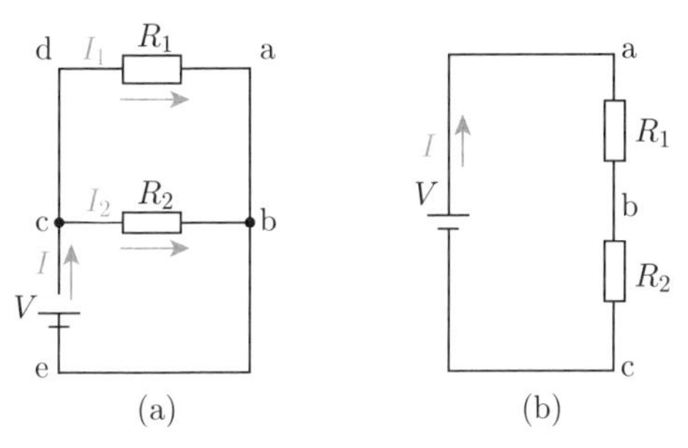

図 3.25 抵抗の (a) 並列接続と (b) 直列接続

の関係を持つ一つの抵抗 R とみなすことができる．このときの R を合成抵抗という．一般に複数の抵抗の並列接続は

$$\frac{1}{R} = \sum_i \frac{1}{R_i} \tag{3.88}$$

である．

例題 3.5

図 3.25 (b) のような接続を**直列接続**という．キルヒホフの法則を応用して，a → c 間の合成抵抗を求めよ．

【解答】 図 3.25 (b) において，回路 c → a → b → c に回路の分岐はないので，二つの抵抗に流れる電流は等しく I である．したがって回路の電位はキルヒホフ第 2 法則より，$V = IR_1 + IR_2 = I(R_1 + R_2)$ となる．したがって a → c 間の合成抵抗 R は $R = R_1 + R_2$ と考えることができる． □

3.2.6 抵抗と消費電力

3.1.5 項で述べたように，基準点に対して電位が V だけ高いところにある電荷 q はエネルギー qV を持っている．抵抗 R に電流 I が流れていると，抵抗の両端では $V = IR$ の電位差が生じる．図 3.26 (a) のように電流が流れている場合，a 点に比べて b 点の電位は $V = IR$ だけ低い．したがって，抵抗の両端の電荷 q を比較したとき，電荷の持つエネルギーは点 b の方が点 a より $qV = qIR$ だけ小さいはずである．電荷は点 a から b まで移動しているので，これは

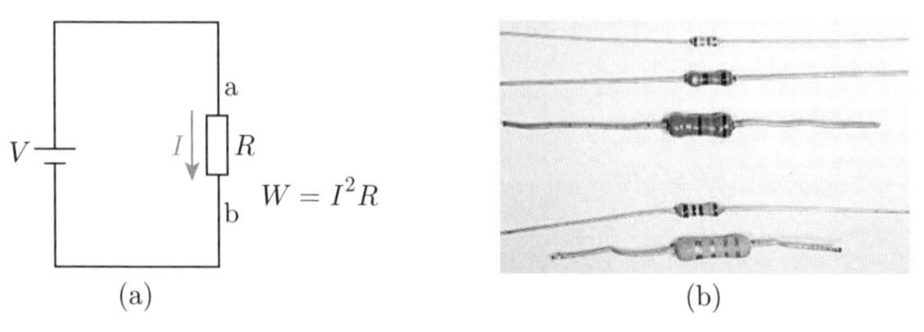

(a) (b)

図 3.26 (a) 抵抗に流れる電流と消費電力. (b) 電気回路中で用いられる抵抗器の例.

電荷 q が抵抗 R を移動するために消費されたエネルギーと考えることができる[13]. 電流 I は1秒間に動く電荷量なので, 抵抗中では1秒あたり

$$W = I^2R = IV = \frac{V^2}{R} \tag{3.89}$$

のエネルギーが消費されている. これを**仕事率**または**消費電力**といい, 単位はJ/sだが, **ワット** (W) という名前がついている. 1 W = 1 J/s である.

図 3.26 (b) に, 実際の電気回路で用いられる, 抵抗器の例を示している. 抵抗器の規格は抵抗の大きさと, 許容される消費電力 (流すことができる電流の大きさ) で表される.

電気料金の単位

ワット [W] は, 電気製品が消費するエネルギーを表す単位としてよく使われている. 例えば, 家庭用のエアコンの消費電力は 1 kW = 1000 W 程度である. 消費電力は, 単位時間あたりのエネルギー消費量なので, 電化製品が消費した全エネルギーを求めるためには, それに利用した時間を掛けなければならない. 消費電力 1 kW のエアコンを1時間使ったときに消費するエネルギーは 1000 J/s × 3600 s = 3.6×10^6 J となる. これを 1 kW × 1 時間 (1 h) という意味で, 1 kWh と表記する. 1 kWh = 3.6×10^6 J である. 一般に電気料金はこの単位で計算される. 電力会社との契約によって価格は様々だが, 日本の一般家庭では 1 kWh あたり 20 円〜40 円程度である.

[13] 抵抗が発する熱として消費される.

ステップアップ　**電池の内部抵抗**

これまでの議論で，電位差を生じるものとして電池を考えていた．日常生活でも，乾電池などはよく使われる．ところで，電池は電流を無限に供給することはできない．供給することができる電流の大きさには限度があるし，また電池を使い続けていると，電流を流すことができなくなる．俗に電池がなくなるという現象である．このような性質を表すためには，電池の内部抵抗を考えるとよい．図 3.27 に示すように，電位差 V を生成する部分に直列に接続された抵抗 r を想定し，それまで含めて電池と考える．この場合，図 3.27 の回路に流れる電流 I は $I = \frac{V}{R+r}$．したがって，抵抗 R の両端の電位差 V_R は $V_R = \frac{VR}{R+r} < V$ となる．電池の内部抵抗 r が大きい場合，外部につけた抵抗 R の電位差は小さくなる．一方で，$r \ll R$（r が R より十分小さい）ならば $V_R \sim V$（V_R と V はほぼ等しい）となる．俗にいう電池が無くなるという現象は r が大きくなるという効果として理解できる．一般に電圧を測る道具（電圧計）は R を大きくして電源の電圧 V を正確に測るように設計されている．したがって，もし電圧計で乾電池の電圧を測って 1.5 V に近い値が得られてもそれだけでは電池の内部抵抗 r が大きくなっているかどうかは分からない．もし r が大きければ，実際に電流を流そうとしたら（電池を使って何かしようとしたら）$V_R < V$ となってしまう．実際の電池は起電力 V とそれにつながった内部抵抗を含んだものを指す．電池からエネルギーを引き出すということは，図 3.27 の抵抗 R において電力を消費させることに対応する．抵抗 R における消費電力 W_R は

$$W_R = I^2 R = \left(\frac{V}{R+r}\right)^2 R \tag{3.90}$$

である．W_R は $R = 0$ と ∞ で 0 になるので，R がある値のときに最大になるはずである．これを求めてみる．

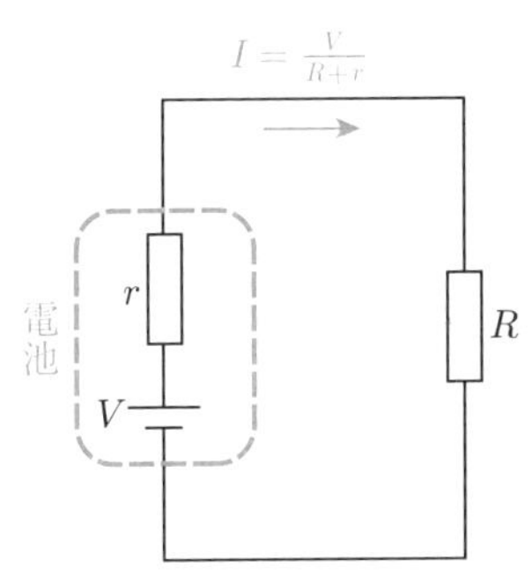

図 3.27　電池の等価回路．内部の抵抗まで含めて電池と考える．

$$\frac{d}{dR}\left(\frac{V}{R+r}\right)^2 R = \frac{r-R}{(R+r)^3}V^2 \tag{3.91}$$

より，W_R は $R=r$ のときに最大，$\frac{V^2}{4R}$ になる．すなわち，内部抵抗と等しい大きさの外部抵抗（負荷という）のときに電池から最大のエネルギーを引き出すことができる．

3.3 定常電流と静磁場

3.3.1 磁 極 と 磁 場

永久磁石のように互いに引きつけあったり反発しあう物質が存在し，その性質が物質が電荷を持つ場合とは異なることは古くから知られていた．磁石にはN極とS極があり，N極やS極同士には斥力がはたらき，N極とS極との間には引力がはたらく．この関係は正の電荷を持つ物質と，負の電荷を持つ物質間の静電気力に似ている．一方，磁石のN極とS極は単独で存在することはできない．磁石からN極だけを分離しようとして磁石を2つに分けても，2つの磁石ができるだけである．磁石はこの点で電荷とは本質的に異なっており，その性質は原子や分子の成り立ちに関係している．ただしこの違いが明らかになったのは，20世紀に入り量子論が発見された後である．歴史的には磁石の研究は電荷の性質との類似性から発展してきており，はじめにこれらの事柄について説明する．

磁極の強さや種類の違いを区別するために，電荷に相当する量として**磁気量** m を考える．N極の磁気量を正の値，S極の磁気量を負の値とする．一つの磁石のN極の磁気量とS極の磁気量の和は常に0になる．つまり，N極やS極は単独では存在しない．2つの磁極間にはたらく力（**磁気力**）を調べるために，クーロンは細長い磁石を作り，図3.28のように2つの磁極間の力を測定した．磁石を細長くするのは，m_1 と m_2 以外の磁極からの影響を小さくするためである．この磁石を使って，クーロンは2つの磁極間にはたらく磁気力の大きさ F がそれぞれの磁気量の大きさの積に比例し，磁極間の距離 r の2乗に反比例することを発見した．

$$F = k_{\mathrm{m}}\frac{|m_1|\,|m_2|}{r^2} \tag{3.92}$$

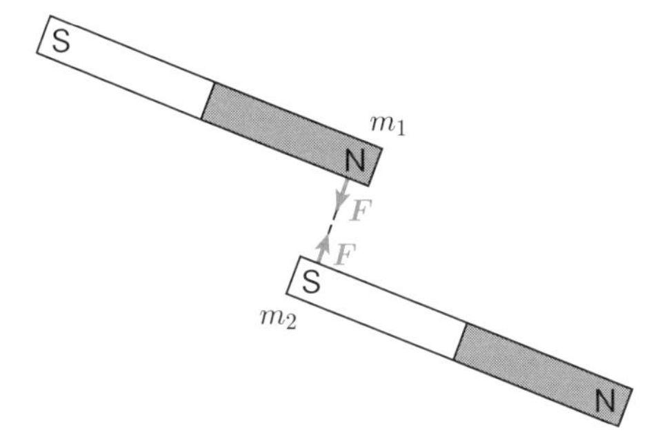

図 3.28　磁気力に関するクーロンの法則

これを**磁気力に関するクーロンの法則**という．

静電気力を電場による近接作用と考えたように，磁気力も近接作用と見なすことができる．磁極 m_1 の位置を原点とすると，$\boldsymbol{r}$ におかれた磁極 m_2 にはたらく力は $\boldsymbol{F} = k_{\mathrm{m}} \frac{m_1 m_2}{r^2} \frac{\boldsymbol{r}}{r}$ であるが，この力を静電気のときの (3.5), (3.6) と同様に

$$\boldsymbol{H}(\boldsymbol{r}) = k_{\mathrm{m}} \frac{m_1}{r^2} \frac{\boldsymbol{r}}{r} \tag{3.93}$$

$$\boldsymbol{F} = m_2 \boldsymbol{H}(\boldsymbol{r}) \tag{3.94}$$

と書き換える．つまり，原点におかれた磁極 m_1 は位置 $\boldsymbol{r}$ に“場” $\boldsymbol{H}(\boldsymbol{r})$ を作る．そして位置 $\boldsymbol{r}$ に置かれた磁極 m_2 は，この“場” $\boldsymbol{H}(\boldsymbol{r})$ から $\boldsymbol{F} = m_2 \boldsymbol{H}(\boldsymbol{r})$ の力を受けるのである．この“場” $\boldsymbol{H}(\boldsymbol{r})$ を**磁場**という．電場とともに磁場は電磁気学で中心的な役割を演じることになる．(3.97) から分かるように，SI 単位において，磁場 $\boldsymbol{H}(\boldsymbol{r})$ の単位は [A/m] である．また，(3.94) から磁気量の単位は $[\mathrm{N} \cdot \mathrm{m/A}] = [\mathrm{J/A}]$ となることが分かる．(3.93) において，磁気量と磁場を結ぶ係数 k_{m} は

$$k_{\mathrm{m}} = \frac{1}{4\pi\mu_0} \tag{3.95}$$

である．μ_0 は**真空の透磁率**といい，SI 単位では，

$$\mu_0 = 1.25663706212(19) \times 10^{-6}\,\mathrm{N} \cdot \mathrm{A}^{-2} \tag{3.96}$$

である．

さて，ここまでは磁石を中心とした磁気の説明であるが，1820 年にエルステッドによって，磁場と電流との関係が明らかになり，磁気の研究は全く新し

い段階に進むことになった．図 3.29 で $\otimes$ は直線状の導線が紙面に垂直に配置されており，紙面の手前から奥に向かって電流 I が流れることを示している．エルステッドは導線に電流を流すとその回りに置いた方位磁石が図 3.29 のような向きになることに気が付いた．電流の向きを奥から手前に変えると，N 極と S 極の位置は入れ替わる．この現象は，電流が流れるとそのまわりに磁場が発生することを示唆している．エルステッドの発見の直後，ビオとサバールは電流のまわりに置いた磁石の動きを詳しく観測し，電流とそれが作る磁場の関係，**ビオ－サバールの法則**を見い出した．この法則によると，電流 I から距離 r 離れた場所には大きさ

$$H = \frac{I}{2\pi r} \tag{3.97}$$

の磁場が，電流を中心に時計回りにできる．また同年，アンペールによっても電流と磁場との関係，**アンペールの法則**が発見された．これらの法則については，次項から順次解説を行ってゆく．

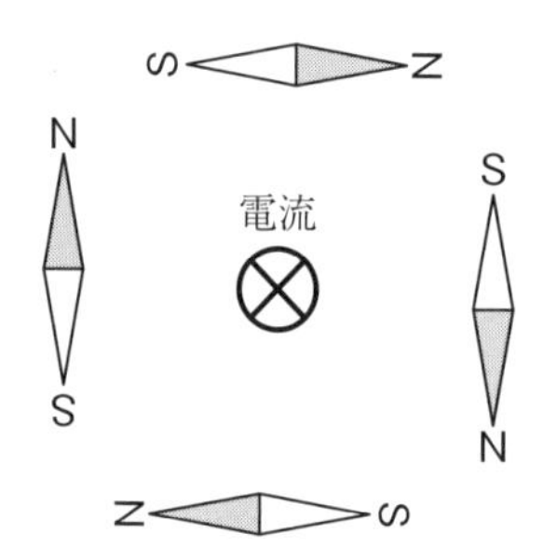

図 3.29 電流による方位磁石の変化．紙面奥に向かって電流が流れる場合，そのまわりにおいた方位磁石の向きが変わる様子．

3.3.2 ビオ－サバールの法則

ビオとサバールが見い出したのは，電流とそのまわりの磁場の関係である．図 3.30 に，ビオ－サバールの法則の概略を示している．電流が流れているとき，その一部を切り出して電流素片 $I\,\boldsymbol{ds}$ を考える．電流素片の場所を原点としたとき，位置 $\boldsymbol{r}$ に電流素片が作る磁場の大きさは，$\boldsymbol{ds}$ と $\boldsymbol{r}$ のなす角を θ として，

$$dH = \frac{I\,ds\sin\theta}{4\pi r^2} \tag{3.98}$$

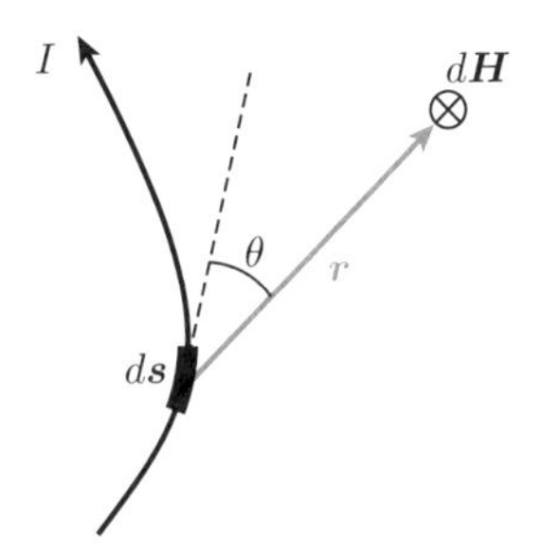

図 3.30　ビオ－サバールの法則の概略．電流素片 $I\,d\boldsymbol{s}$ が作る磁場 $d\boldsymbol{H}(r)$ を表す．磁場の方向は紙面奥向きとなる．

となる．ビオ－サバールの法則の一般的な表式は，以下のように表すことができる（図 3.31 (a)）．

$$d\boldsymbol{H}(\boldsymbol{r}) = \frac{I}{4\pi}\frac{d\boldsymbol{s}(\boldsymbol{r}')\times(\boldsymbol{r}-\boldsymbol{r}')}{(r-r')^3} \tag{3.99}$$

上式において，$d\boldsymbol{H}(\boldsymbol{r})$ は，位置 $\boldsymbol{r}'$ の電流素片 $I\,d\boldsymbol{s}(\boldsymbol{r}')$ が $\boldsymbol{r}$ に作る微小磁場を表す．また，$\boldsymbol{r}-\boldsymbol{r}'$ は，$\boldsymbol{r}'$ から見た $\boldsymbol{r}$ の相対位置，O は（任意に選ぶことができる）原点である．

(3.99) は抽象的なので，具体例として，無限に長い直線状の電流 I のまわりの磁場を考えよう．図 3.31 (b) のように座標軸をとり，大きさ I の電流が z 方

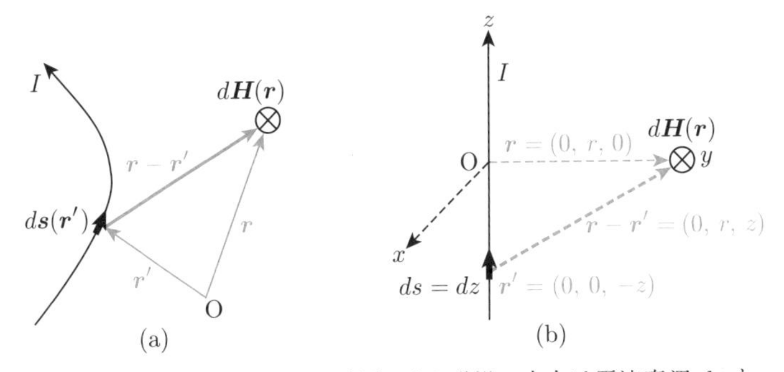

図 3.31　ビオ－サバールの法則．(a) 磁場の方向は電流素辺 $d\boldsymbol{s}$ と $\boldsymbol{r}-\boldsymbol{r}'$ がなす面に垂直な方向となる．(b) 無限に長い直線電流のまわりの磁場とビオ－サバールの法則．

向に流れているとする．このとき，y 軸の上の点 $\boldsymbol{r} = (0, r, 0)$ における磁場を求める．電流素片 $I\,\boldsymbol{ds}$ は，$I\,\boldsymbol{ds} = (0, 0, I\,dz)$ と表すことができ，またその位置は $\boldsymbol{r}' = (0, 0, -z)$ である．$\boldsymbol{r} - \boldsymbol{r}' = (0, r, z)$ に留意すると，$\boldsymbol{r}'$ にある電流素辺が $\boldsymbol{r}$ に作る微小磁場 $d\boldsymbol{H}(\boldsymbol{r})$ は

$$
\begin{aligned}
d\boldsymbol{H}(\boldsymbol{r}) &= \frac{I}{4\pi}\frac{\boldsymbol{ds} \times (\boldsymbol{r} - \boldsymbol{r}')}{|r - r'|^3} = \frac{I}{4\pi}\frac{(0, 0, dz) \times (0, r, z)}{(r^2 + z^2)^{3/2}} \\
&= \frac{I}{4\pi}\frac{(-r\,dz, 0, 0)}{(r^2 + z^2)^{3/2}}
\end{aligned}
\tag{3.100}
$$

となる．磁場の大きさは，z の積分を $-\infty$ から ∞ までして

$$
H(r) = \frac{I}{4\pi}\int_{-\infty}^{\infty}\frac{r\,dz}{(r^2 + z^2)^{3/2}} = \frac{I}{2\pi r} \tag{3.101}
$$

となる．これで，(3.97) が導かれた．磁場は電流からの距離 r に反比例し，磁場の大きさの等しい線は電流を中心とする同心円となる．また，その向きは電流の進む方向を後方から見たときに時計回りとなる．電流の方向と磁場ベクトルの方向の関係は，右ネジの進む方向と回転方向の関係と考えると分かりやすく，**右ネジの法則**という．

例題 3.6

半径 R の円形電流 I の中心軸上の磁場を求めよ．

【解答】 図 3.32 に示すような座標系をとる．円周上の電流素子 $I\,\boldsymbol{ds} = I(-ds, 0, 0)$ が円の中心軸上の点 Z に作る磁場 $d\boldsymbol{H}$ を考える．(3.99) において，$\boldsymbol{r} = (0, 0, Z)$, $\boldsymbol{r}' = (0, R, 0)$ と考えればよいので，$\boldsymbol{r} - \boldsymbol{r}' = (0, -R, Z)$ である．よって，

$$
\begin{aligned}
d\boldsymbol{H} &= \frac{I}{4\pi}\frac{(-ds, 0, 0) \times (0, -R, Z)}{(R^2 + Z^2)^{3/2}} \\
&= \frac{I}{4\pi}\frac{(0, Z\,ds, R\,ds)}{(R^2 + Z^2)^{3/2}}
\end{aligned}
\tag{3.102}
$$

となる．この磁場を円周にわたって積分するのだが，図 3.32 から分かるように，中心軸上では磁場の x 成分，y 成分は必ず，円周上の反対側の電流が作る磁場と打ち消し合う．したがって，中心軸上の磁場は z 成分だけを考えればよ

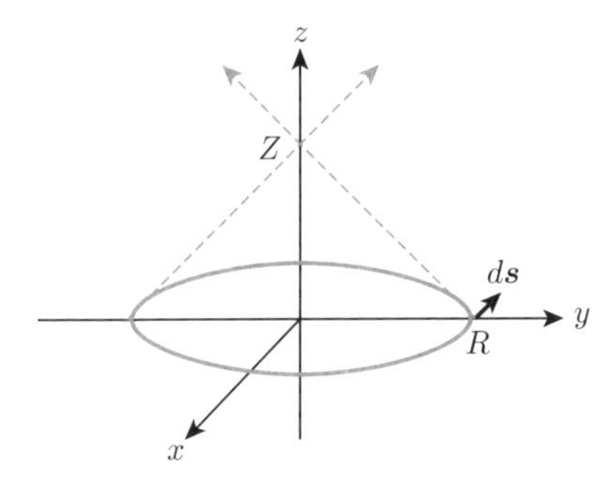

図 3.32 半径 R の円状電流の中心軸上の磁場

い．円周にわたる積分は，ds を $2\pi R$ で置き換えることに相当するので

$$H_z(Z) = \frac{I}{4\pi}\frac{R}{(R^2+Z^2)^{3/2}} \times 2\pi R = \frac{I}{2}\frac{R^2}{(R^2+Z^2)^{3/2}} \tag{3.103}$$

であり，特に円の中心（$Z=0$）では $H_z(0)=\frac{I}{2R}$ となる． □

3.3.3 アンペールの法則

ビオ－サバールの法則が発見されたのとほぼ同時期に，電流密度 $\boldsymbol{j}(\boldsymbol{r})$ と磁場 $\boldsymbol{H}$ の関係がアンペールによって発見された．現在，**アンペールの法則**と呼ばれており以下のように表される．

$$\oint \boldsymbol{H}(\boldsymbol{r})\cdot d\boldsymbol{l} = \int \boldsymbol{j}(\boldsymbol{r})\cdot \boldsymbol{n}\, ds \tag{3.104}$$

この式の左辺は付録 C.2 で論じている閉じた区間にわたる線積分である．また右辺は (C.1) に示す面積分だが，この場合は，積分経路で囲まれた面を貫く電流密度の和となっている．

ビオ－サバールの法則のときと同様の無限に長い直線状の電流 I のまわりの磁場を考える（図 3.33）．磁場は電流を軸とした回転に対して対称なので，磁場 $\boldsymbol{H}$ は電流からの距離 r のみに依存する．そこで，電流に垂直な半径 r の円を考えて，その周にそった方向の磁場を考える．アンペールの法則は，磁場の円周に沿った積分が電流に比例することを示している．逆にこれだけで磁場が

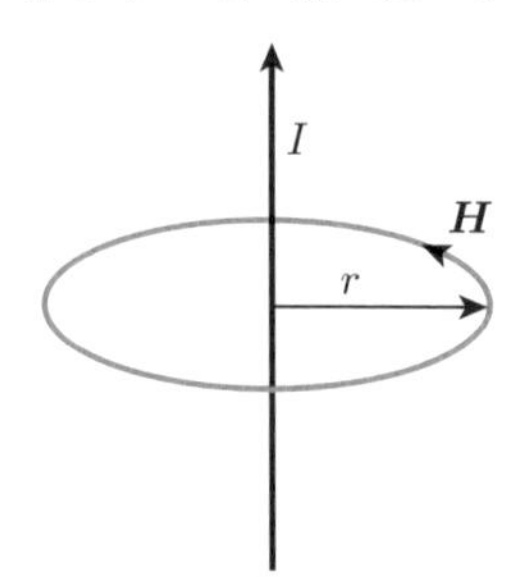

図 3.33　アンペールの法則による直線電流のまわりの磁場の計算．電流と垂直な円周にそった磁場の積分は，円の内部を貫く電流に比例する．

決まる場合，磁場には円周にそった成分しか存在しないはずである．よって

$$2\pi r H(r) = I$$

$$\therefore \quad H(r) = \frac{I}{2\pi r} \qquad (3.105)$$

となり，ビオ－サバールの法則と同じ結果を簡単な計算で求めることができた．

● **平面状の電流による磁場**　図 3.34 (b) のように，無限に広い平板に電流が一方向に流れている場合を考える．これは無限に長い電線が平行に何本も連なっている状況の極限と考えればよい（図 3.34 (a)）．

この場合，それぞれの直線電流が作る磁場の重ねあわせを考えることになり，その結果磁場は平板に平行でかつ電流と垂直な成分しか持たないことになる．そこで，図 3.34 (c) のように，平面を横切る閉曲線 abcd を考え，アンペールの法則を適用する．辺 ab, cd の長さを L とする．この場合，直線 ab および，cd 上では磁場と積分経路は平行，bc と da では垂直であるので，積分には辺

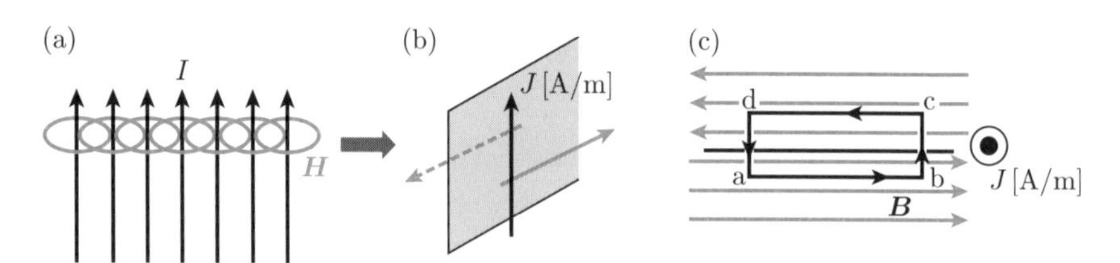

図 3.34　平面状の電流のまわりの磁場．(a) のように直線電流が平行につらなっている状況の極限 (b) として考える．(c) のように上から見た磁場の図にアンペールの法則を応用する．

ab と辺 cd の部分しか寄与しない（bc と da の部分は磁場と積分経路が垂直であるので，積分経路方向の磁場の成分は存在しない）．したがって

$$長方形\,\mathrm{abcd}\,にそった磁場の積分 = 2HL \tag{3.106}$$

となる．一方，この閉曲面を貫く電流は単位長さあたりの電流を J [A/m] とすると，

$$長方形\,\mathrm{abcd}\,内を貫く電流の総和 = JL \tag{3.107}$$

したがって，$2HL = JL$ より

$$H = \frac{1}{2}J \tag{3.108}$$

となる．磁場の強さは平面からの距離によらないことが分かる．

● ソレノイド内部の磁場 図 3.35 (a) のように，円形状の電流を幾十にも並べたものを**ソレノイド**といい，非常に重要な電子部品の一つである[14]．その重要性は特に時間に依存する電磁現象のときに顕著になるが，ここではその基本的な性質であるソレノイド内の磁場を計算する．直線電流が平行に集まった極限として平面電流を考えたのと同様に，円形の電流を密に並べた極限としてのソレノイドを考える．その場合，ソレノイド内部には平行な磁場ができると考えることができる．ソレノイドがその半径に比べて十分に長いと考えると，外部の磁場は無視できる．そこで，平面電流と同様にソレノイドの縁においてアンペールの法則を適用する．図 3.35 (b) に示す積分経路を考える．平面電流とほぼ同様だが今回は，外部に磁場が存在しないので，a–b 間の磁場のみを考え

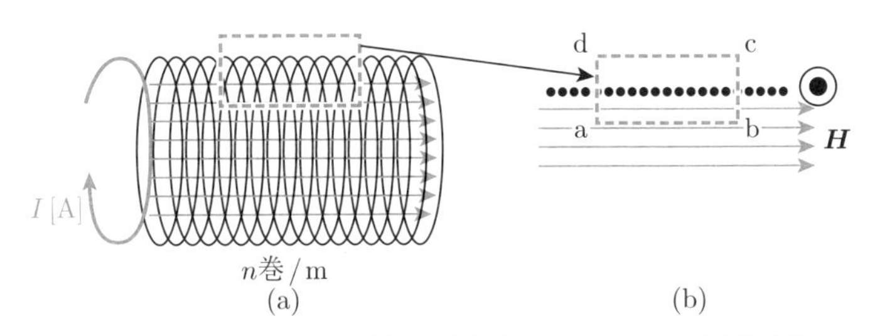

図 3.35 ソレノイド内の磁場の考え方．(a) のように円形電流の集まりと考えて，アンペールの法則を適用する (b)．

[14] コイルということも多いが，ソレノイドがより一般的な表現である．

ればよい．経路abcdにわたる積分はHLである．また電線に流れる電流をI，ソレノイドの単位長さあたりの巻き数をn回とすると，abcd内の電流の総和はnLI．したがって，$HL = nLI$より，

$$H = nI \tag{3.109}$$

となる．

3.3.4 ローレンツ力と磁場の単位

電流は，荷電粒子が移動する現象である．そう考えると電流が磁場をつくる要因は運動している荷電粒子に帰着できる．逆に，磁場中を運動する荷電粒子は磁場から作用，すなわち力を受ける．この力は**ローレンツ力**と呼ばれる．真空中で荷電粒子にはたらく力は，磁場$\boldsymbol{H}$に，真空の透磁率μ_0をかけた**磁束密度**

$$\boldsymbol{B} = \mu_0 \boldsymbol{H} \tag{3.110}$$

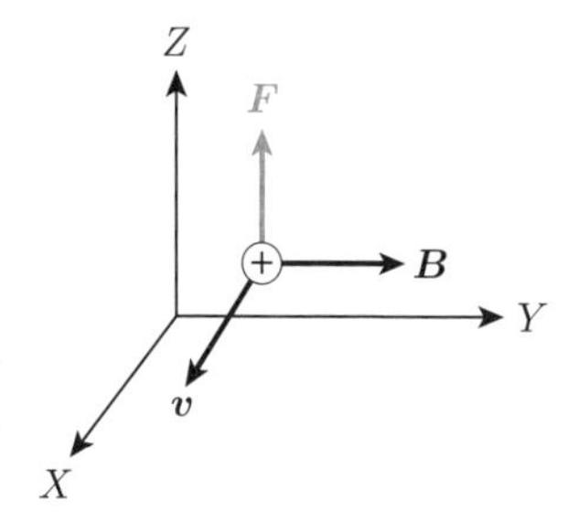

図3.36 ローレンツ力

に比例する．Bをなぜ磁束密度と呼ぶかは3.4.1項で説明する．図3.36にあるように，正の電荷qを持つ粒子がx方向に速さvで動いている空間に，y方向に大きさBの磁束密度があるとする．このとき，荷電粒子にはz方向に大きさ

$$F = qvB \tag{3.111}$$

のローレンツ力がはたらく．粒子の電荷が負のときは，ローレンツ力はz軸の負の方向にはたらく．また，荷電粒子が磁場と同じ向きに動くときは粒子は力を受けない．一般的に，磁場と速度のなす角度をθとすると，ローレンツ力の大きさは，$F = qvB\sin\theta$となる．

ローレンツ力$\boldsymbol{F}$はベクトルの外積を使うと一般的に表すことができる．任意の磁束密度$\boldsymbol{B}$の磁場の中を速度$\boldsymbol{v}$で動く電荷qの粒子に対してローレンツ力$\boldsymbol{F}$は$\boldsymbol{F} = q\boldsymbol{v} \times \boldsymbol{B}$となる[15]．電場$\boldsymbol{E}$もある場合は，

---

[15] 電荷の動く速度$\boldsymbol{v}$は観測者の運動に依存する．電荷と同じ速度で動く観測者から見ると$\boldsymbol{v} \times \boldsymbol{B} = 0$なので磁場から力は受けない．このことを理解するためには特殊相対性理論の知識が必要となる．例えば，[9]に解説されている．

$$\boldsymbol{F} = q(\boldsymbol{E} + \boldsymbol{v} \times \boldsymbol{B}) \tag{3.112}$$

で与えられる.

力とは質量 m の物体に加速度 $\boldsymbol{a}$ を与える作用，すなわち運動方程式 $\boldsymbol{F} = m\boldsymbol{a}$ で定義される量である．これから磁束密度の単位は，$[\mathrm{M}^0\,\mathrm{K}^1\,\mathrm{S}^{-2}\,\mathrm{A}^{-1}]$ となるが，これにはテスラ（T）という名前が付いている．磁束密度の単位としてガウス（G）もよく耳にする．$1\,\mathrm{T} = 10^4\,\mathrm{G}$ だが，SI 単位ではガウスは使われていない．市販の永久磁石（フェライト磁石）は 10^{-2} T 程度のものが多い．市販品として入手しやすいものの中ではネオジウム磁石は磁束密度が大きく 10^{-1} T 以上の磁束密度を持っている．地磁気は 3×10^{-5} T 程度である.

3.3.5 磁場中の電流の間にはたらく力

図 3.37 (a) のように一定の磁束密度 $\boldsymbol{B}$ 中に定常電流 $\boldsymbol{I}$ が流れているとする．電流は電荷の流れなので磁場中ではローレンツ力を受ける．電荷の速度を $\boldsymbol{v}$，単位長さあたりの電荷数を n とすると，$\boldsymbol{I} = qn\boldsymbol{v}$ である．電荷一個が磁場から受ける力 $\boldsymbol{F}$ は $\boldsymbol{F} = q\boldsymbol{v} \times \boldsymbol{B} = \frac{1}{n}\boldsymbol{I} \times \boldsymbol{B}$ となる．よって長さ L の電流では

$$\boldsymbol{F} = \frac{nL}{n}\boldsymbol{I} \times \boldsymbol{B} = L\boldsymbol{I} \times \boldsymbol{B} \tag{3.113}$$

である．次に，図 3.37 (b) のように 2 つの直線電流 I_1, I_2 が同一面内を平行に流れていたとき，その間にはたらく力を考えよう．電流間の距離を r とする．電流 I_1 が電流 I_2 の位置に作る磁束密度は

$$B = \frac{\mu_0 I_1}{2\pi r} \tag{3.114}$$

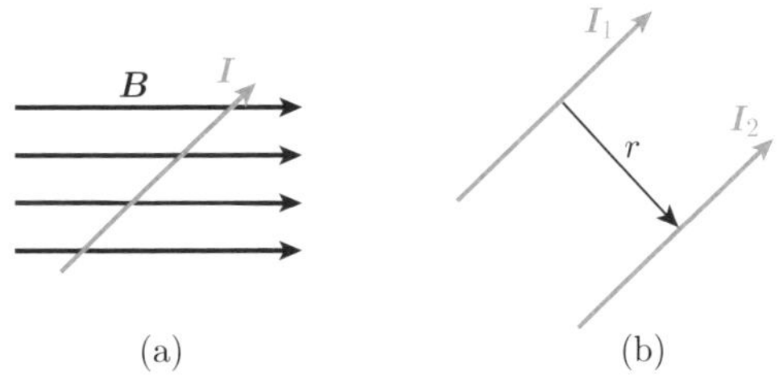

図 3.37 (a) 磁場中の電流と (b) 電流間の相互作用の考え方.

方向は I_1, I_2 が作る面に垂直である．したがって，2つの電流の間には

$$LI_2B = \frac{\mu_0 LI_1I_2}{2\pi r} \tag{3.115}$$

という力がはたらく．歴史上この関係を使って1Aという単位が最初に決められた．

ステップアップ　加速器ビーム中の粒子にはたらく力

3.1.5 項で加速器の話をした．加速器では多数の荷電粒子の集団が同じ速度で運動している．このように空間中を多数の粒子が細い管のようになって一つの方向に運動しているものを**ビーム**という．この言葉はSFアニメやドラマにもよく登場するのでなじみのある読者も多いだろう．ビーム中では同じ符号の電荷を持った粒子が狭い空間に密集して運動している．同符号の荷電粒子の間には電場による反発力がはたらくのでビームのような粒子の運動は困難だと考える読者も多いのではないだろうか．ローレンツ力の興味深い例なので，これを考えてみよう．

ビームのモデルとして「電荷 q を持った粒子の集団が半径 a の円柱状となって，速度 $\boldsymbol{v}$ で円柱の軸方向に運動している状態」を考える（図3.38参照）．ビームの中心軸方向（ビーム軸と呼ぶ）の単位長さあたりの電荷をビーム軸からの距離 r（$< a$）の関数として，$\rho(r)$ [/m] と表す．

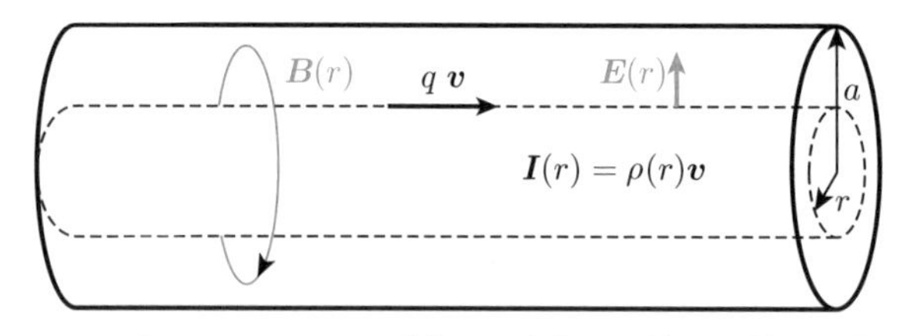

図3.38　ビームのモデル．電荷 q，速度 v を持った粒子の集団が半径 a の円筒状をなして運動しているとき，ビーム軸から r のところの電荷にはたらく力を考える．

ビーム軸から距離 r（$< a$）のところの電場 $\boldsymbol{E}(r)$ には r より内側の電荷のみが寄与するので

$$\boldsymbol{E}(r) = \frac{\rho(r)}{2\pi\epsilon_0 r}\boldsymbol{e}_r \tag{3.116}$$

となる（演習1を参照）．$\boldsymbol{e}_r$ はビーム軸と垂直な方向の単位ベクトルを表している．電荷 q がビームの電場から受ける力 $\boldsymbol{F}_E$ は

$$\boldsymbol{F}_E = q\boldsymbol{E}(r) = \frac{q\rho(r)}{2\pi\epsilon_0 r}\boldsymbol{e}_r \tag{3.117}$$

となる．次にビーム軸から距離 r のところの磁場を考える．ビームは定常電流とみなすことができるので，そのまわりの磁束密度は (3.104) を用いて計算することができる．(3.104) の導出から分かるように，磁束密度には r より内側の電流のみが寄与する．$I(r) = \rho(r)v$ を r より内側の電流密度とすると，

$$\boldsymbol{B}(r) = \frac{\mu_0 I(r)}{2\pi r}\boldsymbol{e}_\phi = \frac{\mu_0 \rho(r) v}{2\pi r}\boldsymbol{e}_\phi \tag{3.118}$$

となる．$\boldsymbol{e}_\phi$ はビーム軸のまわりの円周方向の単位ベクトルである．したがって，粒子が磁場から受ける力 F_B は

$$\boldsymbol{F}_B = q\boldsymbol{v} \times \boldsymbol{B}(r) = -\frac{q\mu_0\rho(r)v^2}{2\pi r}\boldsymbol{e}_r \tag{3.119}$$

であり，電荷 q が電場から受ける力と磁場から受ける力は互いに打ち消し合っていることが分かる．電荷 q がビームから受ける力の大きさ F は

$$\begin{aligned} F = F_E + F_B &= \frac{q\rho}{2\pi\epsilon_0 r} - \frac{q\mu_0\rho(r)v^2}{2\pi r} \\ &= \frac{q\rho(r)}{2\pi r}\left(\frac{1}{\epsilon_0} - \mu_0 v^2\right) \end{aligned} \tag{3.120}$$

本書では取り扱っていないが，電磁学によると真空の誘電率 ϵ_0 と透磁率 μ_0 は光の速度 c と $c = \frac{1}{\sqrt{\epsilon_0\mu_0}}$ の関係があることが知られている．これを用いるとビーム中の粒子にはたらく力は

$$F = \frac{q\rho(r)}{2\pi\epsilon_0 r}\left(1 - \frac{v^2}{c^2}\right) \tag{3.121}$$

となる．一般に加速器中のビームは非常に高速（$\frac{v}{c} \approx 1$）で運動しているので，$F \approx 0$ となる．ビーム中の粒子間にはたらく力は非常に弱く，ビームは自由粒子の集団と考えてよいのである．

3.3.6 磁 気 単 極 子

3.3.1 項で述べたように N 極のみまたは，S 極のみの磁極（単極）は存在しない．3.1.2 項で電気力線について述べたが，磁場に対しても同様に磁力線を考えることができる．電気力線の場合その特徴の一つとして，

- 始点は正電荷または無限遠．終点は負電荷または無限遠となる

があった．磁力線の場合それが

- 始点はN極，終点はS極となる

ことが大きな違いである．N極，S極が単独で存在しないことを反映して，「無限遠から始まるまたは終わる」ということがない．同様の考察を磁場に関するガウスの法則について行うことができる．すなわち，

$$\int \boldsymbol{B}(r) \cdot \boldsymbol{n}\, dS = 0 \tag{3.122}$$

である．単極が存在しないため右辺は常に0となる．これは，電磁気学の基本法則の一つとなっている．

3.3.7 磁気双極子

3.3.1項で述べたように，N極，S極だけの磁石を仮定し，磁気量をN極は$+m$，S極に$-m$を対応付けると，磁極mの作る磁束密度は，電場の場合と同様に

$$\boldsymbol{B}(\boldsymbol{r}) = \frac{m}{4\pi r^2}\frac{\boldsymbol{r}}{r} \tag{3.123}$$

と表すことができる．ここで$k_{\mathrm{m}} = \frac{1}{4\pi\mu_0}$の関係を使った．また，電位に相当する磁位も

$$\phi_{\mathrm{m}}(r) = \frac{m}{4\pi r} \tag{3.124}$$

として定義できる．磁気単極子は存在しないので，実在する磁石は常にmと$-m$の対である．そこで，$-m$からmに向かうベクトルを$\boldsymbol{l}$とし，**磁気双極子モーメント**

$$\boldsymbol{d}_{\mathrm{m}} \equiv m\boldsymbol{l} \tag{3.125}$$

を定義する．3.3.9項で述べるように，永久磁石はこの磁気双極子モーメントの集まりとして考えることができる．磁気双極子モーメントが一様な磁場の中にある場合を考える．電場中の電荷と同じように，磁荷mは磁束密度$\boldsymbol{B}$から$\frac{m\boldsymbol{B}}{\mu_0}$の力を受ける．双極子の場合，正負の磁荷が対になっているので，並進の力ははたらかない．磁場から受ける影響は力のモーメントのみである．磁気双極子

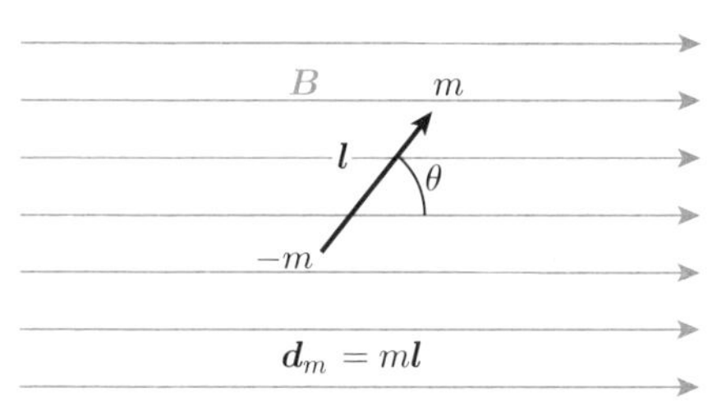

図 3.39　磁場中の磁気双極子モーメント

モーメントと磁束密度ベクトル間にはたらく力のモーメントは $\boldsymbol{T} = \frac{\boldsymbol{d}_{\mathrm{m}} \times \boldsymbol{B}}{\mu_0}$ と表すことができる．また，磁気双極子モーメントを磁場中で $\theta' = 0$ から $\theta' = \theta$ まで回転するときに必要な仕事 W は

$$W = \frac{d_{\mathrm{m}} B}{\mu_0} \int_0^{\theta} \sin\theta \, d\theta' = \frac{d_{\mathrm{m}} B}{\mu_0}(1 - \cos\theta) \tag{3.126}$$

これから定数を除いた部分を磁場中でのポテンシャルエネルギー U として定義することができる．ベクトル表記を用いると，

$$U = -\frac{\boldsymbol{d}_{\mathrm{m}} \cdot \boldsymbol{B}}{\mu_0} \tag{3.127}$$

である．これは 3.3.9 項で議論する物質中の磁場の微視的な理解に重要な概念である．

3.3.8　物質中の磁場

ソレノイドの内部に鉄などを挿入すると，磁束密度が大きくなることは，よく知られており，電磁石などにも応用されている．この現象について考察する．物質が磁束密度 $\boldsymbol{B}_0 = \mu_0 \boldsymbol{H}$ の磁場（**外部磁場**と呼ぶ）中にある場合，その内部の磁束密度 $\boldsymbol{B}$ を

$$\boldsymbol{B} = \boldsymbol{B}_0 + \boldsymbol{J} \tag{3.128}$$

と表すことができる．$\boldsymbol{J}$ を**磁化**といい物質内部の磁場は真空中の磁束密度 $\boldsymbol{B}_0$ から $\boldsymbol{J}$ の分だけ異なる．

磁化 $\boldsymbol{J}$ がどのような大きさになるかは，物質の性質に依存している．多くの物質では，良い近似で J は外部磁場 H に比例し，

$$\boldsymbol{J} = \mu_0 \chi^* \boldsymbol{H} \tag{3.129}$$

という関係がある[16]．χ^* は**磁化率**という物質に依存する係数である．したがって物質中の磁束密度は

$$\boldsymbol{B} = \mu_0(1+\chi^*)\boldsymbol{H} = \mu\boldsymbol{H} \tag{3.130}$$

と表すことができる．$\mu = \mu_0(1+\chi^*)$ を**透磁率**という．また比透磁率 $\mu_\mathrm{r} = \frac{\mu}{\mu_0} = 1+\chi^*$ も実用的によく用いられる量である．物質は主に磁化率の大きさによって，**強磁性体**，**常磁性体**，**反磁性体**に分類される．表 3.3 に代表的な物質の磁化率をまとめた．

強磁性体は，磁化率が大きく，また磁化率が H に依存する（$\mu = \mu(H)$）場合もある．鉄やニッケルなど，磁石に付くものは強磁性体であり，通常磁性体というと強磁性体を指すことが多い．

常磁性体は磁化率が 1 より大きいが 1 に近いものであり，磁石に強く引かれることはない．アルミニウムなどがある．

反磁性体は磁化率が負の物質である．このような物質は磁石に反発する性質を持っており，銅，水などがある．

表 3.3 代表的な物質の磁化率

物質	温度（°C）	磁化率	性質
アルミニウム	20	2.1×10^{-5}	常磁性体
銅	20	-9.7×10^{-6}	反磁性体
水	20	-9.0×10^{-6}	

国立天文台編：『理科年表』の値より筆者換算

3.3.9 磁性体の微視的描像と永久磁化

物質中の磁場について微視的な描像を考えよう．物質は原子でできているが，一つ一つの原子は磁気双極子モーメントを持っており永久磁石としての性質がある．原子の磁気双極子モーメントには，原子を構成する電子や原子核の持つ固有の磁気双極子モーメントや，電子の原子内での状態に由来する原子固有の磁気双極子モーメントがある．

[16] 磁化を本書の定義 J ではなく，物質中の磁気双極子モーメントの和 $\boldsymbol{M}$ としているテキストもある．$\boldsymbol{M} = \chi^*\boldsymbol{H}$ という関係がある．

外部磁場中の磁気双極子モーメント $\boldsymbol{d}_{\mathrm{m}}$ のポテンシャルエネルギーは (3.127) で表すことができる．ポテンシャルエネルギーは，$\theta = 0$，即ち，磁場と磁気双極子モーメントが平行のときに一番小さい．そのため，磁場中に物質を置くと原子の磁気双極子モーメントの方向がそろう傾向がある．しかし，実際の物質では，原子と外部磁場の相互作用は非常に複雑であり，それを反映して外部磁場の影響は物質によって大きく異なる．その性質を表す数値が磁化率である．物質によっては，外部磁場を打ち消す（磁場の物質内への浸入を妨げる）性質を持つものがある．**反磁性**と呼ばれる現象であり，この場合は磁化率が負になる．極低温で現れる超伝導という現象は反磁性が最も顕著な場合であり，磁場の浸入を完全に排除する性質がある．**マイスナー効果**と呼ばれる現象であり，磁化率が -1 となる場合に相当する．

物質によっては，外部磁場が無くても原子の磁気双極子モーメントの方向がそろっており，有限な磁化 $\boldsymbol{J}$，すなわち永久磁化を持つものがある．いわゆる永久磁石である．

3.4 時間に依存する電磁場

ここまでは，電場や磁場に時間的な変動が無い場合，いわゆる静電場，静磁場を考察した．時間的に変動する電場や磁場を考慮すると，静的な場合とは異なる新たな現象が現れる．電磁誘導や電磁波の発生がその典型的な例であり，その原理を利用した電気製品は私達の身のまわりのあらゆる場面で活用されている．モーターや発電機から IH クッキングヒーター，携帯電話など，その例は枚挙にいとまがない．この章の後半では，それらの基本原理となる現象について考察する．

3.4.1 電 磁 誘 導

図 3.40 のように，磁束密度の大きさが B の磁場があり，磁場に垂直に回路があるとする．この状態を磁束が回路を貫いていると表現する．回路の面積を S とすると，磁束の大きさ ϕ は

$$\phi = BS \tag{3.131}$$

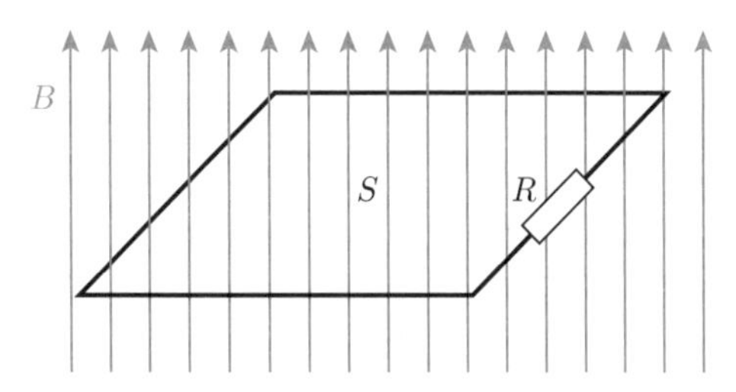

図 3.40 面積 S の環状回路と磁場．磁束密度ベクトルと回路が直交しているとき，回路を貫く磁束 ϕ は BS．磁束が変化すると誘導起電力が発生し，電流が流れる．

である．単位面積あたりの磁束は B であり，これが B を磁束密度と呼ぶ理由である．また磁束の単位は，$[\mathrm{M}^2\,\mathrm{K}^1\,\mathrm{S}^{-2}\,\mathrm{A}^{-1}]$ だが，これには**ウェーバ** [Wb] という名前が付いている．

ファラデーは電気回路を貫く磁束が変化すると，その回路に電位差が生じることを発見した．図 3.40 では，回路を貫く磁束が変化すると抵抗 R の両端に電位差 V が生じる．この電位差 V を**誘導起電力**という．その後レンツは磁束変化と電流の向きを含む関係**レンツの法則**を見い出した．レンツの法則は

$$V = -\frac{d\phi}{dt} \tag{3.132}$$

と表現される．負号は誘導起電力が磁束の変化を妨げる方向に発生することを表している．一般にこのような磁束の変化によって起電力が生じる現象を**電磁誘導**という．

具体的な例として図 3.41 を考える．コの字型の回路とその上に置いた長さ ℓ の導体棒からなる回路を一様な磁束密度 B の中におく．導体棒が速度 v で動いているとき，単位時間に回路を貫く磁束の変化は $\frac{d\phi}{dt} = B\ell v$ である．したがって，これによって生じる誘導起電力の大きさは

$$V = B\ell v \tag{3.133}$$

となり，抵抗 R に流れる電流の大きさは $I = \frac{B\ell v}{R}$ となる．電流の向きは，電流の作る磁場が回路内の磁束の変化を妨げる方向になっている．このとき，抵抗で消費される電力 W は，

$$W = I^2 R = \frac{(B\ell v)^2}{R} \tag{3.134}$$

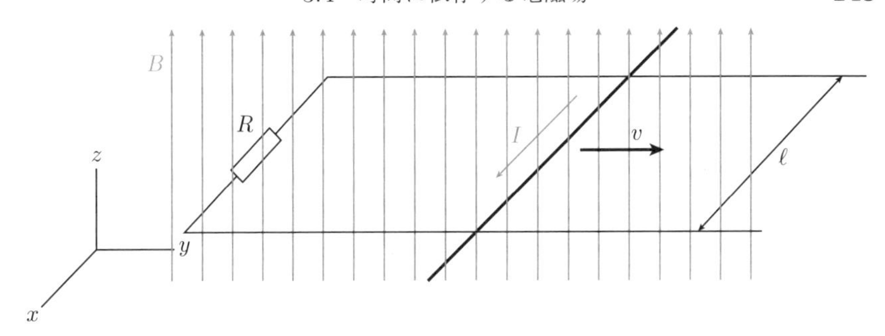

図 3.41　一様磁場中のコの字型回路の上を長さ ℓ の導体棒が y 方向に速度 v で動いている．

となる．このエネルギーは棒を速度 v で動かし続けるために必要なエネルギーと考えることができる．棒を y 方向に動かすために必要な力を F とすると，単位時間あたりの仕事は Fv．よって

$$Fv = \frac{(B\ell v)^2}{R} \tag{3.135}$$

より，$F = \frac{(B\ell)^2 v}{R}$ である．

ステップアップ

ところで，電流の実態は導体中の電子の流れである．磁場中を電荷 e を持つ荷電粒子が運動すると粒子にはローレンツ力 f がはたらく．電子一つにはたらく力 f は $f = evB$ であり，その方向は図 3.41 の $-x$ 方向となる（電子の電荷は負なので）．しかし，この現象を棒と同じ速度で動いている座標系から観測すると，棒の速度は 0 であり，ローレンツ力ははたらかない．その座標系では，磁束変化 Bv によって誘導起電力が生じたと考えられる．レンツの法則の本質は，磁束の時間変化によって誘導起電力が生じることであり，電荷を持った粒子の存在とは無関係な法則である．ローレンツ力による解釈は，電磁誘導によって生じた電場と荷電粒子の相互作用として理解するのが妥当である．

回路を貫く磁束の大きさ ϕ は，一般的に

$$\phi = \int \boldsymbol{B} \cdot \boldsymbol{n}\, dS \tag{3.136}$$

と表すことができる．図 3.40 では，$\phi = BS$ となる．さらに電位差 V は，(3.25) を用いて電場の線積分として表すことができる．これを用いると (3.132) は

$$\int \boldsymbol{E} \cdot d\boldsymbol{l} = -\frac{d}{dt} \int \boldsymbol{B} \cdot \boldsymbol{n} \, dS \tag{3.137}$$

となる.

3.4.2 インダクタンス

● 自己インダクタンス 図3.41を再考してみよう．電磁誘導によって回路に電流が流れるが，その電流はまた磁場を発生させそれが回路を貫く．外部磁場による磁束を ϕ_e，回路を流れる電流がそれ自体を貫く磁束を ϕ_s とすると，回路を貫く磁束は $\phi = \phi_e + \phi_s$ となる．したがって，誘導起電力 V は

$$V = -\frac{d\phi}{dt} = -\frac{d\phi_e}{dt} - \frac{d\phi_s}{dt} \tag{3.138}$$

である．図3.41の場合，回路に流れる電流 $I = \frac{B\ell v}{R}$ が一定であるため，$\frac{d\phi_s}{dt} = 0$ だった．しかし，一般にはこれを考慮する必要がある．ϕ_s は電流 I に比例するので，比例定数を L とすると

$$\phi_s = LI \tag{3.139}$$

L は**自己インダクタンス** L と呼ばれる．$V_s = -\frac{d\phi_s}{dt}$ より，自己インダクタンスによる誘導起電力 V_s は,

$$V_s = -L\frac{dI}{dt} \tag{3.140}$$

である．これを**自己誘導起電力**という．

ソレノイドの自己インダクタンスを考える．ソレノイド内部の磁束密度は(3.109)より $B = \mu_0 nI$ である．ソレノイドの断面積を S とすると，ソレノイド内の磁束は $BS = \mu_0 nIS$ となる．この磁束はソレノイドを構成するすべての円形電流を貫く．ソレノイドの長さを ℓ とすると，円形電流の巻き数は $n\ell$ なので，ソレノイドを貫く全磁束 ϕ_{tot} は

$$\phi_{\mathrm{tot}} = n\ell\mu_0 nIS = \mu_0 n^2 \ell SI \tag{3.141}$$

となる．自己インダクタンスの定義から

$$L = \mu_0 n^2 \ell S \tag{3.142}$$

である．

ソレノイドを含む回路の例として，図 3.42 (a) を考えよう．この回路に流れる電流を I とすると，誘導起電力は $-L\frac{dI}{dt}$．回路 1 周にわたる電位の変化から

$$V_0 - L\frac{dI}{dt} = RI \tag{3.143}$$

となる．$t = 0$ にスイッチが閉じたとき，この微分方程式の解は

$$I(t) = \frac{V_0}{R}\left(1 - e^{-\frac{R}{L}t}\right) \tag{3.144}$$

しがって，ソレノイドの両端の電位差 $V_L(t)$ は

$$V_L(t) = L\frac{dI}{dt} = V_0 e^{-\frac{R}{L}t} \tag{3.145}$$

となる．V_L の時間変化の様子を図 3.42 (b) に示している．スイッチを入れた直後は，電流の時間変化が大きく誘導起電力は最も大きい．電流の時間変化が小さくなるにつれて，誘導起電力も小さくなり 0 に漸近する．このように時間的に徐々に定常状態になる現象を**過度現象**という．指数の肩の係数の逆数，$\frac{L}{R}$ を**時定数**といい，過度現象の継続時間の指標を表す量である．

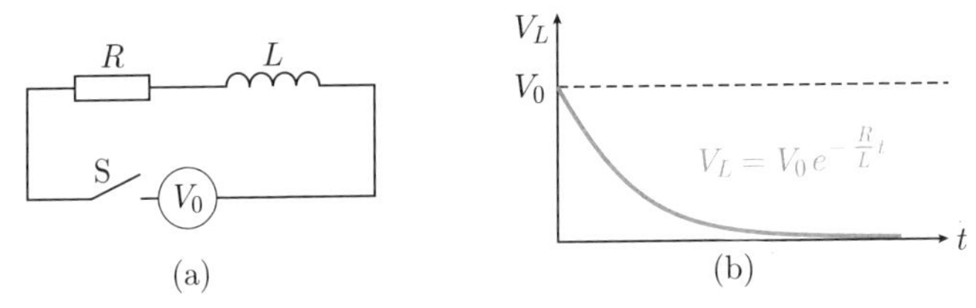

図 3.42 (a) 抵抗 R と自己インダクタンス L のソレノイドからなる回路.
(b) $t = 0$ でスイッチが閉じたときのソレノイド両端の電位差の時間変化.

● **相互インダクタンス** 図 3.43 のように，2 つの回路があり，一方に電流が流れているとしよう．回路に電流が流れるとそのまわりに磁場が発生する．発生した磁場は他方の回路を貫くだろう．3.4.1 項で述べたように，回路を貫く磁場が変化すると電磁誘導によって誘導起電力が生じる．したがって，電磁誘導を通じて 2 つの離れた回路が互いに影響を及ぼす．このとき重要となるのが，一方の回路に電流を流したときにそれによって生じた磁束（磁束密度の総和）が他方の回路をどれくらい貫くかである．図 3.43 の回路 1 に電流 I が流れた

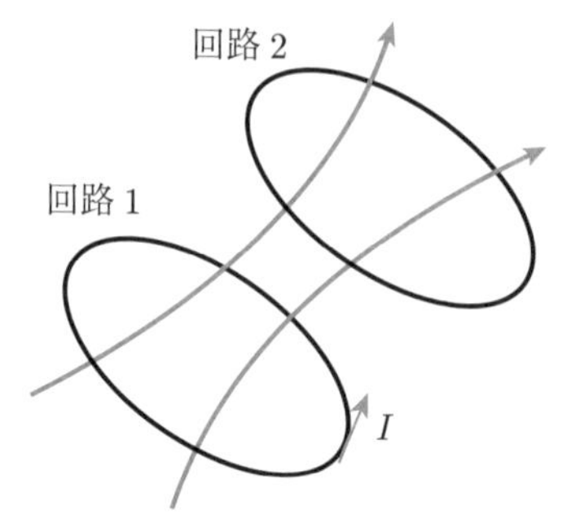

図 3.43 相互インダクタンスの概念．回路 1 に電流が流れたときに生じる磁束が回路 2 を貫く．

ときに回路 2 を貫く磁束を ϕ_2 とすると，それらの間には比例関係

$$\phi_2 = L_{12} I \tag{3.146}$$

が成り立つ．L_{12} は 2 つの回路の形状や回路間の距離によって決まる定数であり，**相互インダクタンス**と呼ばれる．ここまでは，回路 1 に電流が流れた場合に回路 2 を貫く磁束を求めたが，逆に回路 2 に電流 I が流れた場合に回路 1 を貫く磁束を考えると，

$$\phi_1 = L_{21} I \tag{3.147}$$

である．どちらの場合も相互インダクタンスは等しく，

$$L_{12} = L_{21} \tag{3.148}$$

となることが証明できる．これを相互インダクタンスの**相反定理**という．

● **変圧器** 相互インダクタンスを利用した電気部品の例に**変圧器**がある．図 3.44 (a) のようにコイル（ソレノイド）を鉄で作った枠に巻いたものを考える．鉄は強磁性であり，このような構造にするとコイル内の磁束はすべて鉄中を通ってコイル 2 を貫くようにできる．今コイル 1 に電源を接続し，$V_s(t)$ のように，時間的に変化する電位差を作ったとしよう．コイル 1 を貫く磁束を ϕ_1，コイル 2 を貫く磁束を ϕ_2，またコイルをつなぐ鉄芯中の磁束を ϕ とする．ここで，コイル 1 の巻き数を n_1 とすると，鉄芯中の磁束 ϕ はコイル 1 の環状回路を n_1 回貫く．したがって，$\phi_1 = n_1 \phi$ と考えなければならない．同様に

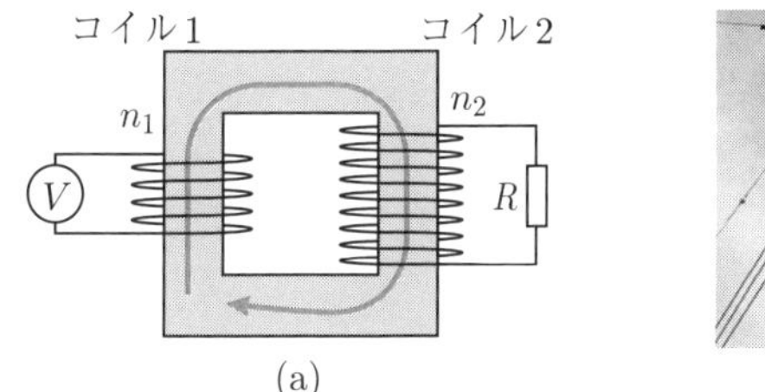

(a)

(b)

図 3.44　(a) 変圧器の原理と (b) 送電線上に設置された変圧器の例

$\phi_2 = n_2\phi$ である．レンツの法則をコイル 1 に応用すると，電位差を加えたことによってコイル 1 に生じる磁束の変化は

$$n_1 \frac{d\phi}{dt} = -V_s(t) \tag{3.149}$$

コイル 2 を貫く磁束の変化によって，コイル 2 に生じる誘導起電力 $V_i(t)$ は

$$n_2 \frac{d\phi}{dt} = -V_i(t) \tag{3.150}$$

この 2 式の両辺を割り算し，

$$\frac{V_i(t)}{V_s(t)} = \frac{n_2}{n_1} \tag{3.151}$$

となる．巻数の異なるコイルを相互インダンクタンスによって結合し，電位を制御することができることが分かる．この技術は例えば，家庭に電力を送電するときに使われている．発電所から一般家屋までは高い電位で送電し（その方が電力輸送効率が良い）家屋に入る直前に利用しやすいように低い電位にする．日本の場合街中の送電線の電位は多くの場合 6,600 V であり，それを電柱上に設置した変圧器で家庭用の 100 V または 200 V に変換している．

3.4.3　磁場のエネルギー

図 3.42 を再考しよう．ソレノイドに電流 $I(t)$ が流れていると，誘導起電力

$$|V| = L\frac{dI(t)}{dt} \tag{3.152}$$

が生じる．(3.89) によると，そのときの仕事率 w は

$$w = VI = L\frac{dI(t)}{dt}I(t) = \frac{d}{dt}\left(\frac{1}{2}LI(t)^2\right) \tag{3.153}$$

である[17]．したがって，$t=0$ で，$I=0$ のとき，$t=0$ から $t=T$ までになされる仕事は

$$W=\int_0^T \frac{d}{dt}\left(\frac{1}{2}LI(t)^2\right)dt=\frac{1}{2}LI(T)^2 \tag{3.154}$$

となる．このエネルギーは電源から供給されたのだが，それはどこに行ったのだろうか．ソレノイドの抵抗は考えていないので，熱として散逸されることはない．ソレノイドに何らかの方法によって蓄えられていると考えなければならないが，ソレノイドに電流を流すことによって起こった変化は磁場の発生のみである．電場のエネルギー (3.61) と同じように，**磁場のエネルギー**を考えることができるだろう．

(3.142) で求めたように，ソレノイドの自己インダクタンスは $L=\mu_0 n^2 \ell S$．したがって

$$\begin{aligned} W&=\frac{1}{2}LI^2=\frac{1}{2}\mu_0 n^2 \ell S I^2=\frac{1}{2\mu_0}(\mu_0 n I)^2 S\ell \\ &=\frac{1}{2\mu_0}B^2 S\ell \end{aligned} \tag{3.155}$$

$S\ell$ はソレノイドの体積である．(3.155) は，磁場が存在するとそこには

$$\frac{1}{2\mu_0}B^2=\frac{1}{2}\mu_0 H^2 \tag{3.156}$$

というエネルギー密度が存在することを意味している．

3.4.4 コンデンサと過度現象

ソレノイドと同様にコンデンサでも過度現象を考えることができる．図 3.45 において，抵抗の両端の電位差を V_R，コンデンサの両端の電位差を V_C とし，回路に流れる電流を I とする．コンデンサに蓄えられた電荷 $Q=CV_C$ より，$V_C=\frac{Q}{C}$, $V_R=RI$ を用いて，

$$V_R+V_C=RI+\frac{Q}{C}=V_0 \tag{3.157}$$

---

[17] 右辺にかけ算の微分の法則を使うと確かめることができる．

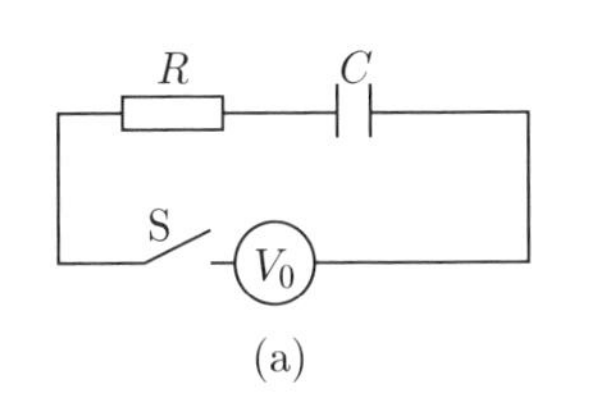

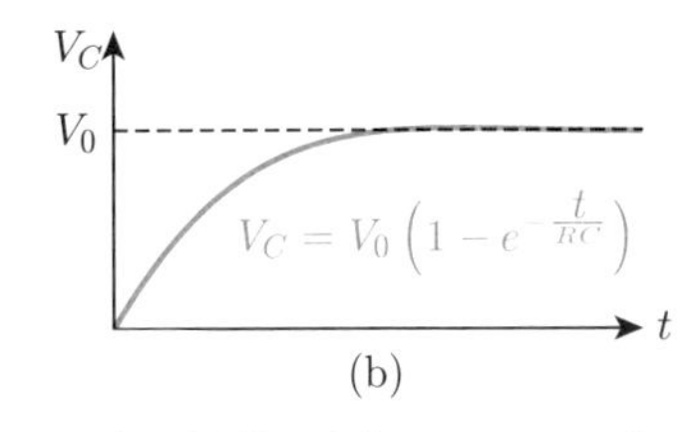

図 3.45 (a) 抵抗 R とコンデンサ C からなる回路. (b) $t = 0$ でスイッチが閉じたときのコンデンサ両端の電位差の時間変化.

$I = \frac{dQ}{dt}$ に留意し, 両辺を t で微分する.

$$R\frac{dI}{dt} + \frac{I}{C} = 0 \tag{3.158}$$

$t = 0$ で $V_C = 0$ のとき, この方程式の解は,

$$I(t) = \frac{V_0}{R}e^{-\frac{t}{RC}} \tag{3.159}$$

となる. これから, コンデンサの両端の電位差は,

$$V_C(t) = V_0 - V_R = V_0 - I(t)R = V_0\left(1 - e^{-\frac{t}{RC}}\right) \tag{3.160}$$

である. 図 3.45 (b) はその様子を示している. これも抵抗とソレノイドの場合と同様の過度現象であり, **時定数** RC がその時間継続の指標である.

3.5 電 磁 波

3.5.1 変 位 電 流

アンペールの法則 (3.104) を再考しよう. 図 3.46 のようにコンデンサを含む回路を考える. 回路に電流が流れない場合は, 回路のまわりに磁場は発生しない. しかし, 前章で議論したように変動する電流を考えた場合は, この回路でも電流が流れそれによって磁場が発生する. この状況にアンペールの法則を適用する. 磁場を電流を囲む線上で積分する. その大きさが積分を実行する線で囲まれた面を貫く電流と等しいというのが, アンペールの法則である. 図 3.46 の A のように導線が面を貫く場合は問題ない. 面を貫く電流は導線を流れる電流 I のみである. しかし, アンペールの法則は面の形状について何も語って

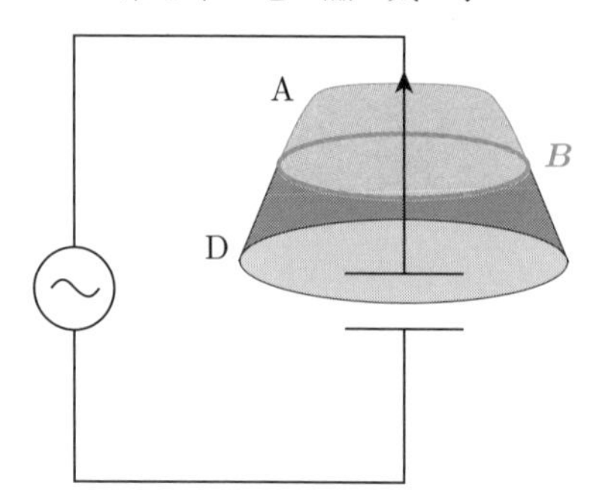

図 3.46 変動する電流がコンデンサを含む回路を流れる場合のアンペールの法則の考え方.

いない. 図 3.46 の D のようにコンデンサ内を通る面を考えてもよいはずである. この場合, コンデンサ内部に導線と同じような電流 (**伝導電流**という) は流れていない. したがって, 伝導電流だけを考えた場合, アンペールの法則は成り立たない. 何らかの変更が必要である.

コンデンサに蓄えられている電荷を Q とする. 3.1.9 項で議論したように, コンデンサの電極に蓄えられた電荷は, その内部の電場のみに寄与する. そこで, コンデンサの一方の極板を含む閉曲面 S を考えてガウスの法則を適用する.

$$Q = \epsilon_0 \int \boldsymbol{E} \cdot \boldsymbol{n}\, dS \tag{3.161}$$

$\boldsymbol{E}$ はコンデンサ内部の電場である. したがって

$$\frac{dQ}{dt} = I = \epsilon_0 \frac{d}{dt} \int \boldsymbol{E} \cdot \boldsymbol{n}\, dS \tag{3.162}$$

ここで, $\boldsymbol{j}_d \equiv \epsilon_0 \frac{\partial \boldsymbol{E}}{\partial t}$ によって**変位電流**を導入する. $\frac{\partial \boldsymbol{E}}{\partial t}$ は偏微分といい, 本来 $\boldsymbol{E}$ は場所と時間の関数だが, 場所を固定し時間のみで微分するという意味である. このように, 時間的に変動する電磁現象の場合, 伝導電流が存在しなくても変動する電場が電流と同じ役割を果たす. 変位電流を含んだアンペールの法則は以下のように書くことができる

$$\int \boldsymbol{B} \cdot d\boldsymbol{l} = \mu_0 \int \boldsymbol{j} \cdot \boldsymbol{n}\, dS + \mu_0 \epsilon_0 \int \frac{\partial \boldsymbol{E}}{\partial t} \cdot \boldsymbol{n}\, dS \tag{3.163}$$

変位電流の存在は, 次項の電磁波の発生において, 本質的な役割を果たす.

3.5.2 電磁波とマクスウェル方程式

電磁気学は，それまでの電磁現象に関わる研究を，マクスウェルが 1864 年に**マクスウェル方程式**としてまとめたことによって完成をみた．これまでの議論をその観点から眺めてみよう．前項までに議論した電磁現象は結局のところ以下の 5 つの式にまとめることができる．

ガウスの法則 (3.10)

$$\int \boldsymbol{E}\cdot\boldsymbol{n}\,dS = \frac{1}{\epsilon}\int \rho\,dV$$

アンペールの法則 (3.163)

$$\int \boldsymbol{B}\cdot d\boldsymbol{l} = \mu_0\int \boldsymbol{j}\cdot\boldsymbol{n}\,dS + \mu_0\epsilon_0\int \frac{\partial \boldsymbol{E}}{\partial t}\cdot\boldsymbol{n}\,dS$$

レンツの電磁誘導の法則 (3.137)

$$\int \boldsymbol{E}\cdot d\boldsymbol{l} = -\frac{d}{dt}\int \boldsymbol{B}\cdot\boldsymbol{n}\,dS$$

磁気単極子の不存在 (3.122)

$$\int \boldsymbol{B}\cdot\boldsymbol{n}\,dS = 0$$

ローレンツ力 (3.112)

$$\boldsymbol{F} = q(\boldsymbol{E} + \boldsymbol{v}\times\boldsymbol{B})$$

ここで $\boldsymbol{F}$ というのは，物質に対する作用であり，端的にはニュートンの運動方程式 $\boldsymbol{F} = m\boldsymbol{a}$ に現れる $\boldsymbol{F}$ を意味する．

ベクトル解析の知識が必要となるため本書の範囲をこえるが，マクスウェル方程式は通常は偏微分方程式の形で表される．ガウスの法則，アンペールの法則，磁気単極子の不存在，電磁誘導の法則に対応するものはそれぞれ

$$\mathrm{div}\,\boldsymbol{E} = \frac{1}{\epsilon}\rho \tag{3.164}$$

$$\mathrm{rot}\,\boldsymbol{B} = \mu\boldsymbol{j} + \mu\epsilon\frac{\partial \boldsymbol{E}}{\partial t} \tag{3.165}$$

$$\mathrm{div}\,\boldsymbol{B} = 0 \tag{3.166}$$

$$\mathrm{rot}\,\boldsymbol{E} = -\frac{\partial \boldsymbol{B}}{\partial t} \tag{3.167}$$

div や rot はベクトルに作用する微分演算を表している．詳しくはベクトル解析の参考書を参照されたい．

この方程式群の意味の詳細は本書のレベルを超えるが，電磁場と荷電粒子の相互作用を記述するゲージ理論という枠組みでは，(3.166) と (3.167) は電磁場が満たさなければならない条件であり，ローレンツ力は電磁場と電荷を持った粒子との相互作用である．また，(3.164) と (3.165) は，電荷と電流が電磁場を生じるという現象を記述している．

マクスウェルは 1864 年にこの方程式群から**電磁波**の存在を予言した．数学的には，これらの方程式から電磁場に関する波動方程式を導くことになるが，定性的には以下のように説明できる．

(1) 時間的に変動する伝導電流が存在すると (3.165) によって時間的に変動する磁場が生じる．
(2) 変動する磁場は変動する電場を生成する（(3.167)）．
(3) 変動する電場は変位電流なので，伝導電流のない空間に磁場を生成する（(3.165)）．

例えば (1) は導線（アンテナ）に電流を流すことに相当する．するとアンテナを中心に電磁場が空間（真空中）を伝搬する波動が生じる．これが電磁波の発生である．また電磁波の中に電線（アンテナ）を置くと，アンテナに伝導電流が流れる．図 3.47 (a) にその様子を模式的に描いている．また，マクスウェルはこの電磁波が光速で伝わる波動であること，光も電磁波の一種であることを示した．電磁波の存在は後（1888 年頃）にヘルツによって実証された．

図 3.48 は，電磁波の電場と磁場の様子を波の様子が分かりやすいように示したものである．導線を流れる伝導電流（x 方向）と電場が平行であり，磁場がそれに対して垂直方向を向いていることを表している．このように電磁波は電場（磁場）の方向が定まっている場合，電磁波は**偏光**（または**偏極**）してい

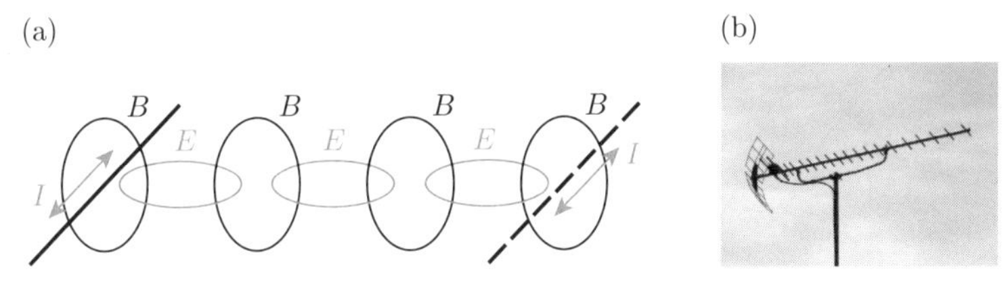

図 3.47 (a) 電磁波の発生と受信の模式図．左側の導線に流れる変動する電流によって電磁波が発生する．電磁波中に導線を置くと導線に伝導電流が流れる．(b) テレビの地上波デジタル放送の受信用アンテナ．

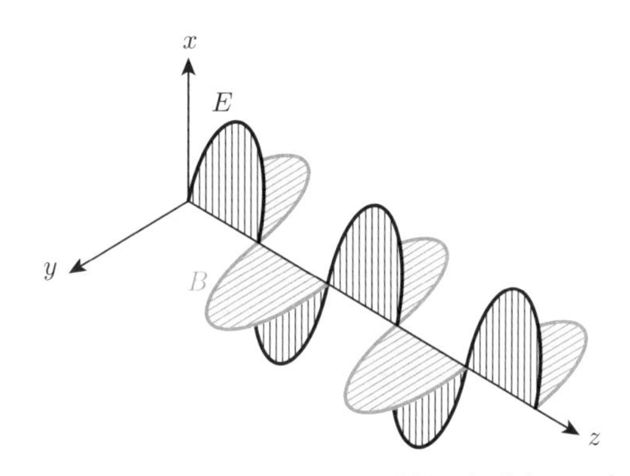

図 3.48 z 方向に進む電磁波を，電場，磁場の振動として表したもの．この場合は，電場が常に x 方向，磁場が常に y 方向を向いている．このような電磁波を直線偏光した電磁波という．

るという[18]．図 3.47 (b) はテレビ地上波デジタル放送の受信用アンテナの例である．導線は水平方向を向いているため，電磁波の電場も水平である．この向きが合っていない場合，誘導起電力がうまく発生せず，受信状態が悪くなる[19]．図 3.48 は，電場，磁場の方向が電磁波の進行方向に対して垂直な方向であることを示している．このような波を横波といい，電磁波の大きな特徴である．

[18] この例のようにアンテナの伝導電流から発生した電磁波は偏光しているが，太陽光のような自然界の光の場合は，色々な方向の電場が混じっている．このような電磁波（光）を無偏光という．

[19] 電磁波の発生のさせかたによっては，電場の方向が回転している場合もある．衛星通信を使ったテレビ放映等に使われている．この場合は送信側と受信側のアンテナで回転方向を合わせる必要がある．

現代社会が電磁波から大きな恩恵を受けていることは，周知のことだろう．テレビ，ラジオから，電子レンジ，光通信に至るまで，生活の隅々に浸透している．図 3.49 は，電磁波の波長とその名称，主な用途をまとめている．

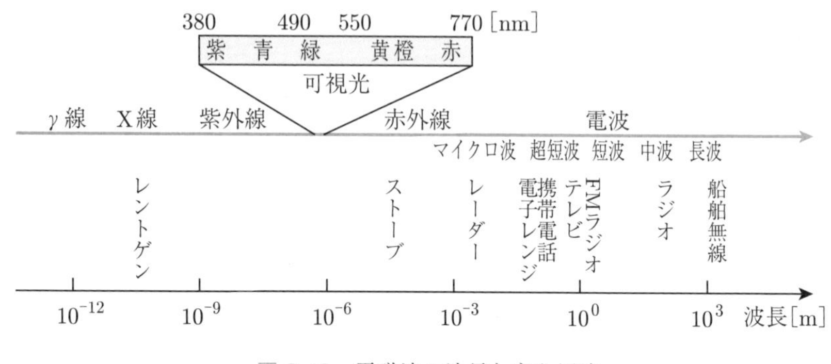

図 3.49 電磁波の波長と主な用途

3.6 電磁現象のまとめ

電磁気学のまとめとしてその意味するところを考えてみたい．

第1は電磁気学が自然現象を統一的に表しているということである．電磁現象は，静電気，静磁気から電磁誘導，電磁波まで，身のまわりの多くの現象に関わっている．このような多様な現象ももとをただせば (3.164)–(3.167) で記述される電磁場の法則と，電磁場と電荷を持った粒子の相互作用であるローレンツ力という5つの原理にまとめられる．このように，一見多様な，互いに関係が無いように見える現象をまとめて，統一的に表すということは，物理学の進展の典型的な例である．

第2は数式を用いた抽象的な記述と身のまわりに起こる現象との関係である．電磁気学の法則は (3.164)–(3.167) で表されることを述べた．この数学で表された抽象的な記述と身のまわりの現象の関係（ある程度の数学的な知識は必要だが）を見い出しやすいことも電磁気学の特徴といえるだろう．いわば，物理学の手法の典型例と考えることができる．

第3は，電磁気学の発展の歴史にある．1864 年にマクスウェルが電磁気学の法則を作り上げたとき，マクスウェルは知的探究心からこれを遂行したと考えられる．この法則がどのように役に立つか分からなかったし，それを考えてもいなかった．それから 20 年後にヘルツが電磁波を発見したが，彼はマクスウェルが正しいことを示した以上の認識は持っていなかったということである．しかるに今日，エレクトロニクスは現代社会の根幹を支える技術であるということに疑いの余地はない．その根幹を記述するのは電磁気学の法則である．これは，自然の真理を探究する基礎科学の意味を考える際の貴重な経験だろう．

演　習　問　題

演習 1　無限に長い直線状の電荷のまわりの電場とポテンシャルを求めよ．ただし，単位長さあたりの電荷を ρ とする．

演習 2　図 3.50 のように，半径 a の導体球を，中心を共有する内径 b，外径 c の導体の球殻が覆っている．内球に電荷 Q_1，外側の球殻に電荷 Q_2 を与えた．内球の中心からの距離を r とする．

(1)　外側の球殻内面（$r = b$）に誘起されている電荷の総量を求めよ．

(2)　$r < a$ における電場を求めよ．

(3)　$a \leq r \leq b$ における電場を求めよ．

(4)　$b < r < c$ における電場を求めよ．

(5)　$c \leq r$ における電場を求めよ．

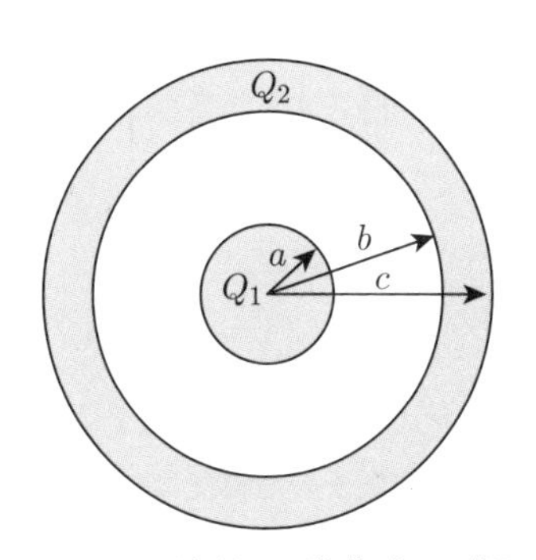

図 3.50　演習 2：導体球の電場

演習 3　図 3.51 (a) のように，半径 a の接地された導体球の中心から距離 r_Q のところに電荷 Q が置かれている．この導体球のまわりの電位を鏡像法によって求める場合の鏡像電荷の位置 r_I とその大きさ q を求めよ．

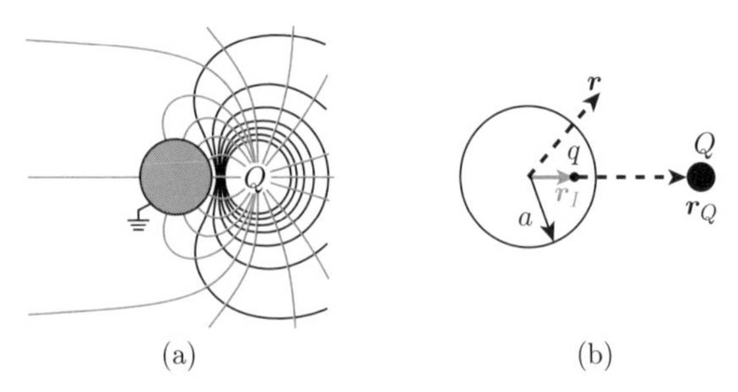

図 3.51 演習 3：(a) 半径 a の中心から距離 r_Q のところに電荷 Q を置いたときの電場と電位．(b) 鏡像法を適用する際の座標系．

演習 4 半径 a の真空中に孤立した導体球に電荷 Q が与えられている．

(1) 無限遠方とこの導体球の間の静電容量を求めよ．

(2) この導体のまわりの静電場のエネルギーを求めよ．

演習 5 図 3.52 のように半径 a，長さ ℓ の導体棒のまわりを同心かつ同じ長さの半径 b（$> a$）の導体が覆っている．a, b 間は真空とするとき，この導体間の静電容量を求めよ．ただし，ℓ は a, b に比べ十分に大きく，導体の間の電場は無限に長い導体による電場と考えてよい．

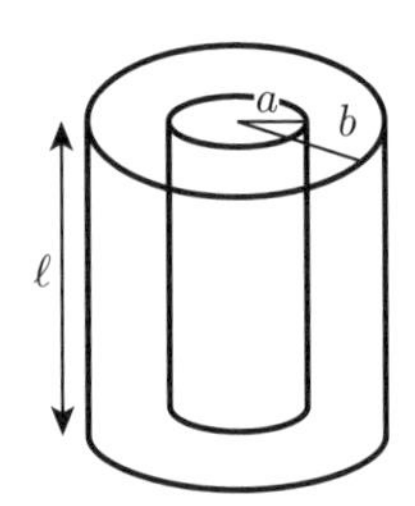

図 3.52 演習 5：同心円柱コンデンサ

演習 6 導体中を伝わる電流について以下の問いに答えよ．

(1) 典型的な導体である銅の自由電子の数密度は約 8.5×10^{28} /m^3 程度である．銅でできた断面積 1 mm^2 の電線に 1 A の電流が流れているとき，電線中を動く自由電子の速さを概算せよ．

(2) 前問は導体中を流れる電子の速度は非常に遅いことを示している．一方で，電灯はスイッチを入れた瞬間に点灯することから分かるように，電気信号は高速で伝わる（ほぼ光の速さで伝わることが分かっている）．この一見矛盾することがどのように説明されるのか考察せよ．

演習 7　3.3.5 項において，電流の方向と力の方向について考察せよ．

演習 8　図 3.53 のように断面積 S，単位長さあたりの巻き数 n のソレノイドと，半径 a の（1 巻きの）円形コイルが，中心軸を共有して配置されている．ソレノイドの半径は，円形コイルの半径 a に比べて十分に小さく，コイルがソレノイド内に作る磁場は中心軸上の値と考えてよい．

(1)　ソレノイドの長さが ℓ のとき，ソレノイドと円形コイルの相互インダクタンスを求めよ．

(2)　ソレノイドの長さが無限大であるとき，ソレノイドと円形コイルの相互インダクタンスを求めよ．

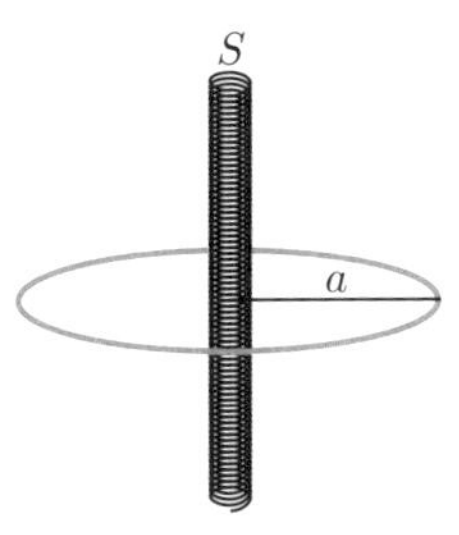

図 3.53　演習 8：ソレノイドと円形コイル

演習 9　自己インダクタンス L のソレノイドがある．ソレノイドには電流源が接続されており，時刻 t とともに変化する電流 $I = kt$（k は正定数）が流れている．

(1)　コイル内部の磁束が時間とともに変化しているので，それに伴う誘導起電力が発生する．その大きさを求めよ．

(2)　この電流を流すために電流源がしなければならない仕事を求めよ．

第4章 量子論

20世紀以前に確立したニュートン力学では，質点の位置と速度（運動量）が時間の関数として求められた．また，有名なアイシュタインの特殊相対性理論は，時間やエネルギー・運動量に対する考え方に大きな変革をもたらしたが，運動方程式を解くことによって粒子の振る舞いを決定するのは同じであった．一方，電磁気学では，電磁波は電場，磁場の波動として表される．波動は媒質の振動が伝わる現象であり粒子とは別の考え方である[1]．ところが，20世紀前半に物質の性質を粒子や波動に限定できない現象が知られるようになり，量子論という物理学の新しい分野が発展した．量子論は，それ以前の物質の振る舞いに関する考え方に大きな変革をもたらしただけでなく，その基本原理や応用は現在でも最先端の分野として研究が続けられている．本章では量子論の考え方や，それによってもたらされた新しい概念について概観する．

4.1 量子論の発端

4.1.1 光の粒子性と波動性

光の本質が粒子なのか波動なのかについては，古くから議論があった．17世紀頃，ニュートン力学の創始者であるニュートンは，光の粒子説を唱えたことでも知られている．ほぼ同時期にホイヘンスの原理で知られるホイヘンスは波動説を唱えた．19世紀になると，マクスウェルによって電磁気学が確立され，光は電磁波という波動として記述されることが示された．しかし，それと同時期に光の粒子性を示唆する現象も発見されていた．

---

[1] 電磁波を伝える媒質は何かという問題は20世紀初頭の物理学の大問題であり，アインシュタインの特殊相対性理論の発端にもなった．本書の範囲を超えるので経緯は省略するが，現在では電磁波という波動を伝える媒質は存在せず，電磁波は真空そのものを伝わる波動と考えられている．

その一つが**黒体輻射**である．物体からは，その温度によって波長ごとに決まった強度（**スペクトル**という）を持つ電磁波（黒体輻射）が放射される．温度が上がると電熱線が赤く光るのも，恒星の色がその表面温度で決まるのもこの現象による．しかし，黒体輻射のエネルギーを電磁気学によって計算すると無限大に発散してしまうことが知られており，19 世紀後半の物理学において大きな問題だった．1900 年にプランクは，理由は不明だが「振動数が ν の電磁波のエネルギーは，$h\nu$ の整数倍の値のみをとる」という仮定をおくと，黒体輻射のスペクトルやエネルギーが見事に計算できることを示した．h は**プランク定数**といい，$h = 6.62607015 \times 10^{-34}\ \mathrm{J \cdot s}$ という値をとる．現代物理学の基本定数の一つである（付録 A 参照）．

もう一つの動機は**光電効果**である．金属に光を当てると，金属から電子が放出される．この現象には，以下のような性質がある．

- 照射する電磁波の振動数がある閾値を超えると電子が放出されるが，それを超えない限り照射する電磁波の強度を増しても電子は放出されない．
- 電子が放出されている状態で照射する電磁波の強度を増やすと，放出される電子の数が増えるが電子のエネルギーは増加しない．
- 照射する電磁波の振動数を高くすると放出される電子のエネルギーが増加する．

この現象を説明するためアインシュタインは，光は

$$E = h\nu \tag{4.1}$$

というエネルギーを持つ粒子（**光量子**）のように振る舞うという考え方を導入した（1905 年）．これを**光量子仮説**といい，アインシュタインはこの業績によってノーベル物理学賞を受賞している．この仮説によると，光電効果によって放出された電子のエネルギー E_{e} は

$$E_{\mathrm{e}} = h\nu - W \tag{4.2}$$

となる．W は電子が物質中に束縛されているときの束縛エネルギーであり，現在では**仕事関数**と呼ばれている．

さらに，静止した電子に光を当てると，光があたかも粒子のように電子を弾き飛ばし，電子が得たエネルギー分だけ光のエネルギーが減少する（振動数が

減少する）ことが，コンプトンによって発見された（1922年）.

このようなことから20世紀前半には，光は波としての性質と粒子としての性質を併せ持つと考えられるようになった.

光電効果，コンプトン散乱と光の粒子描像

現在では光電効果は光の粒子描像の証拠とはならないことが知られている．光が波であっても電子が波動性を持てば光電効果を説明することができる．4.1.2項で述べるように電子も波動性を持っており，それによって原子内での電子のエネルギーが定まっている（**エネルギー準位**という）．このとき，電子の波長（4.1.2項のド・ブロイ波長）と等しい波長の光を原子に照射すれば共鳴という現象によって光電効果と同様の現象を起こすことができる．光電効果は通常金属に光を照射して観測するが，金属中には沢山の電子がありそれに応じて沢山のエネルギー準位を持つ電子が存在する．したがって仕事関数に対応する特定の値以下の波長を持つ光であれば，どのような波長の光でも共鳴条件を満たす電子が存在し，光電効果を起こすことができるのである．これについては霜田光一氏の解説がある[a]．この文献では，コンプトン散乱も光の波動性によって説明できることが解説されており，また光の粒子描像についても議論している．興味のある読者は参照するとよい．黒体輻射や光電効果やコンプトン散乱の発見や考察が，量子力学の発展の契機となったと考えられるが，光の粒子描像の正確な記述には光の量子論の成立を待たなければならなかった.

[a] 霜田 光一，レーザー研究，442（1997）

4.1.2 電子の波動性

1895年にトムソンによって発見された電子は，物質を構成する粒子と考えられていた．しかしその振る舞いの中には，単なる粒子の運動では説明できない問題があることも知られていた．それらの問題を解決する過程で今日**前期量子論**と呼ばれる議論がなされた．それによって得られた結果は現代でも通用する．量子論を取り扱うにあたって，まず前期量子論を考えよう.

量子論以前の力学では水素原子の内部で，電子が陽子のまわりを回転していると考える．陽子と電子の間の距離を r とし，電子は陽子を中心として円運動をする質量 m の質点とする．クーロン力が円運動の向心力になるので

$$\frac{e^2}{4\pi\epsilon_0}\frac{1}{r^2} = m\frac{v^2}{r} \tag{4.3}$$

である．したがって，電子の運動エネルギー K_{e} は

$$K_{\mathrm{e}} = \frac{1}{2}mv^2 = \frac{e^2}{8\pi\epsilon_0}\frac{1}{r} \tag{4.4}$$

また，無限遠を基準としたとき，正電荷 e を持った陽子の作る静電ポテンシャルは

$$\phi(r) = \frac{e}{4\pi\epsilon_0}\frac{1}{r} \tag{4.5}$$

したがって，r における電子のポテンシャルエネルギー P_{e} は

$$P_{\mathrm{e}} = -e\phi(r) = -\frac{e^2}{4\pi\epsilon_0}\frac{1}{r} \tag{4.6}$$

これらから電子の全エネルギー E は

$$E = K_{\mathrm{e}} + P_{\mathrm{e}} = \frac{e^2}{8\pi\epsilon_0}\frac{1}{r} - \frac{e^2}{4\pi\epsilon_0}\frac{1}{r} = -\frac{e^2}{8\pi\epsilon_0}\frac{1}{r} \tag{4.7}$$

となる．

この計算には難点がある．太陽のまわりをまわる惑星の軌道が惑星によって異なるように，この考え方によると原子核をまわる電子の軌道半径もバラバラな値をとってしかるべきである．電子の軌道の様子は水素原子から放射される光のスペクトルによって観測することが可能だが，このモデルは観測結果を全く説明できない．さらに，回転運動をする電子からは電磁波が放射されることが電磁気学から知られている．電子が電磁波を放射するとエネルギーを失い電子は原子核に落ち込んでしまうだろう．したがって，水素原子が安定に存在できないことになる．

1913 年にボーアは，電子の質量 m，速度 v，軌道半径 r_n について，

$$2\pi mvr_n = nh \quad (n \text{ は自然数}) \tag{4.8}$$

という条件（**ボーアの量子条件**）を提案した．r は n の値によるので，r_n としてある．すなわち「水素原子のまわりの電子はこの条件を満たすもののみ許される」と考える．ボーアの量子条件を使って

$$\frac{e^2}{4\pi\epsilon_0}\frac{1}{r^2} = m\frac{v^2}{r} \tag{4.9}$$

から v を消去し，r_n について解くと

$$r_n = \frac{n^2 h^2 \epsilon_0}{\pi e^2 m} \tag{4.10}$$

したがって，

$$E_n = -\frac{me^4}{8\epsilon_0^2 h^2}\frac{1}{n^2} \tag{4.11}$$

を得る．水素原子中の電子のエネルギーは自然数 n による離散的な値しかとれないのである．$n = 1$ のとき，電子が最も強く原子核に束縛されている（**基底状態**という）．そのときのエネルギーは

$$E_1 = -\frac{me^4}{8\epsilon_0^2 h^2} \approx -2.18 \times 10^{-18}\,\mathrm{J} \approx -13.6\,\mathrm{eV} \tag{4.12}$$

である．ボーアの原子模型は水素原子のスペクトルを見事に再現し，同時に水素原子が安定に存在できる理由も与えた．しかし，この時点では，この条件の意味は不明だった．

この条件の意味を明らかにしたのは，ド・ブロイである（1924 年）．アインシュタインの**光量子仮説**によると，c を光速として，光の運動量は $p = \frac{E}{c} = \frac{h\nu}{c}$ となる．光の波長 λ と振動数には，$c = \nu\lambda$ の関係があるので，

$$p = \frac{h\nu}{c} = \frac{h}{\lambda} \tag{4.13}$$

である．ド・ブロイはこの関係を粒子にも当てはめ，運動量 $p = mv$ を持つ粒子の波長（**ド・ブロイ波長**）

$$\lambda = \frac{h}{p} \tag{4.14}$$

を提唱した[2]．この関係をボーアの量子条件に当てはめると

$$2\pi rp = 2\pi r\frac{h}{\lambda} = nh$$
$$\therefore\ \ 2\pi r = n\lambda \tag{4.15}$$

[2] ド・ブロイはこの考え方を彼の博士論文で示したが，論文の審査員はその意味が分からず，アインシュタインに意見を求めたところ，「この青年は博士号よりノーベル賞に値する」という返事だったそうである（レオン・レーダーマン，クリストファー・ヒル，対称性，白揚社，2008）．ド・ブロイは 1929 年にノーベル物理学賞を受賞した．

となる．すなわち，図 4.1 のように電子もその運動量に対応した波長を持ち，円運動の円周の長さはド・ブロイ波長の整数倍でなければならない．このように，20 世紀の前半には，それ以前は波動として記述されていた光（電磁波）は，粒子としての振る舞いをすること，また逆に粒子と考えられていた電子は波の性質も持つことが分かってきた．これは，光や電子が波と粒子の性質を併せ持つ**量子**であり，その振る舞いを記述するためには，従来の古典力学とは異なる新しい力学が必要性なことを示していた．

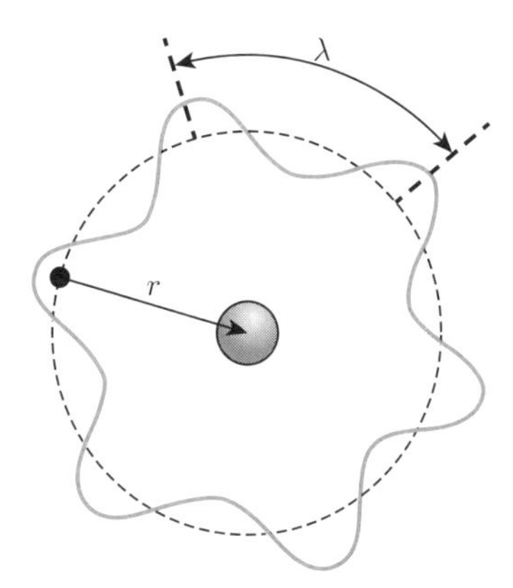

図 4.1　前期量子論による水素原子モデル

4.2 波動と粒子

4.2.1 粒子の干渉

粒子が波の性質を持つことを，波の**干渉**の観点から詳しくみてみよう．図 4.2 のように，粒子源からスクリーンに向かって玉を打ち出す．粒子源とスクリーンの間に適当な間隔のスリットがあり，玉はそれを通ってスクリーンにあたる．このとき，玉はスリットを通過して進んだもののみ，スクリーンにあたり，スクリーン上ではスリットの像が現れる．同様の実験を波で行う（図 4.3 (a)）．スクリーン上には波の重ねあわせの結果として干渉縞が現れる．波源から 2 つのスリットまでの距離が等しいとき，スリット 1, 2 からスクリーン上の点までの距離をそれぞれ，r_1, r_2 とする．λ を波の波長とすると，スリットを通過し

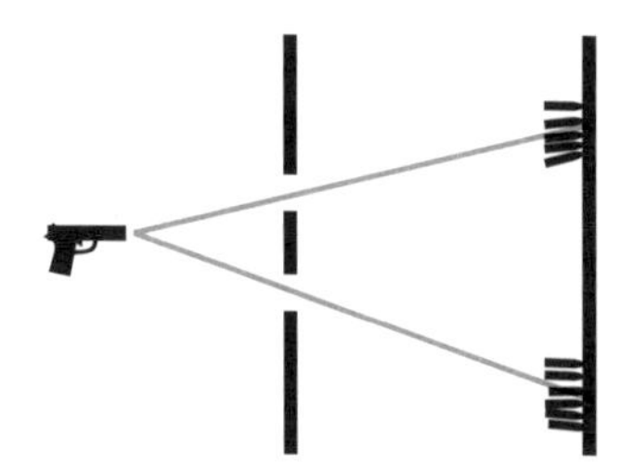

図 4.2　古典的な粒子による二重スリットの実験

た波は，$|r_1 - r_2| = n\lambda$（n は自然数）のとき強め合い，$|r_1 - r_2| = \left(n + \frac{1}{2}\right)\lambda$ のとき弱め合う．スリットの間隔を a，スリットからスクリーンまでの距離を L，スクリーン上のスリットの中心からの距離を x とすると，図 4.3 (b) に示したように，$|r_2 - r_1| = a\sin\theta \approx a\frac{x}{L}$ と表すことができる．2 つのスリットからの波が強め合う条件は $a\frac{x}{L} = n\lambda$ なので，波が強め合う場所の間隔 d は，$d = \frac{L}{a}\lambda$ となる．

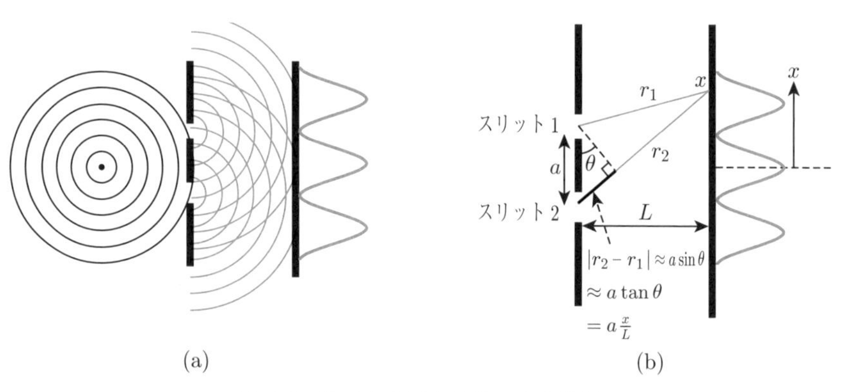

図 4.3　波による二重スリットの実験

この実験を，電子を使って行うとどうなるだろう．電子は粒子なので，玉と同じ結果になるだろうか？　実験の結果，スクリーン上には，波のときと同じ干渉縞が現れることが分かった．このとき，干渉縞の間隔を特徴付ける波長は，ド・ブロイ波長と一致している．

次に，電子を照射する頻度を落として，スクリーン上に 1 個ずつ電子が到達するようにする．すると，一つ一つの電子はスクリーン上の色々な点に，一見ランダムにあたるように見える．しかしそれを何度も繰り返すと，電子のあたる場所は波と同じような縞になる[3]．これは，一つの電子が，それ自身と干渉した結果と考えることができる．この 1 粒子による干渉は量子特有の現象であり，古典的な粒子描像で説明することはできない．

今度は，スリットのところにセンサーを置いて，電子がどちらのスリットを通過したか分かるようにする（図 4.4）．ただし，このセンサーは電子の進行をあまり邪魔しないとしよう（この“あまり”邪魔しない，という意味も重要だが，今は割愛する）．すると，

- 上のスリットを電子が通過した（という信号がセンサーから出た）ときは，スクリーンの上側に電子が観測される．
- 下のスリットを電子が通過した（という信号がセンサーから出た）ときは，スクリーンの下側に電子が観測される．
- 両方のスリットを電子が通過する（という信号がセンサーから出る）ことはない．

という結果になる．結局，スクリーン上には通常の玉で行ったときと同じような縞が見えて，干渉の効果は見えない．電子をセンサーで観測したということは，電子の粒子としての性質を見たということに対応する．すなわち，電子が粒子のように振る舞う場合は，波としての性質は現れないことを意味する．

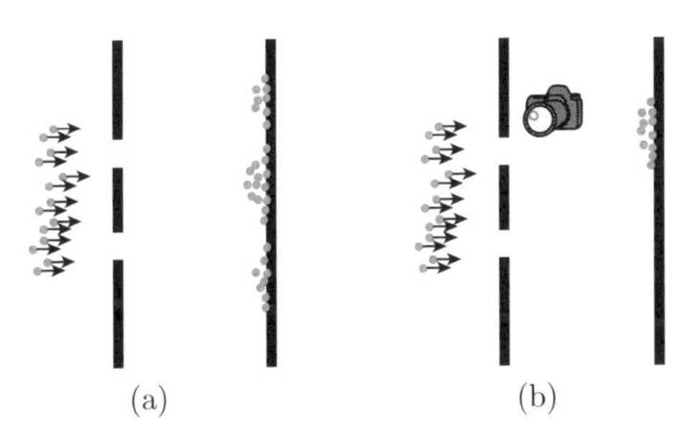

図 4.4 電子による二重スリットの実験．スリット後に電子の位置を (a) 観測しない場合と (b) した場合

[3] 日立製作所で行われた実験の動画がある．興味のある読者は参照するとよい．https://www.hitachi.co.jp/rd/portal/highlight/quantum/doubleslit/index.html

4.2.2 光 の 干 渉

光は波の性質を持つので，二重スリットの実験をすると波と同じ干渉縞が見える．一方で粒子としての性質を持つことも示された．この実験を光の強度を落として行ってみる．光の強度を十分に落として二重スリット後方のスクリーンを観測すると，光の粒（**光子**という）が一つずつスクリーン上の点として観測されるようになる．この場合も電子と同じように，一つ一つの光子はスクリーン上の色々な点に一見ランダムにあたるように見えるが，何度も繰り返すと波の干渉と同じような縞が現れる．この実験は光子を一つ一つ発生し，測定しなければならないので技術的に難しい．代表的な実験に，1981 年に浜松ホトニクス株式会社で行われたものがある．図 4.5 の写真は同社によって行われた，単一光子干渉実験で観測された干渉縞である[4]．光の場合も電子と同様に，一つの粒子が自分自身と干渉する一粒子干渉を示すことが確認された．

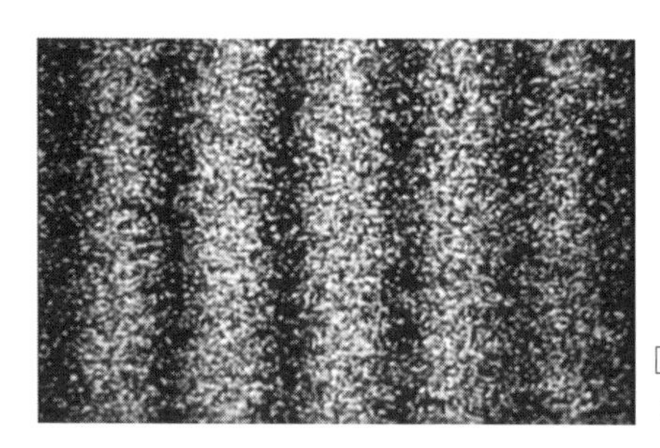

［提供：浜松ホトニクス株式会社］

図 4.5　浜松ホトニクス株式会社によって行われた 1 光子干渉実験による干渉縞

4.3 シュレーディンガー方程式と波動関数

4.3.1 シュレーディンガー方程式

物質には波の性質があり，また光にも粒子的な性質があることが分かった．このように，粒子的な性質と波の性質を併せ持つものを**量子**と名付けることにしよう．このような量子を記述するにはどうすればよいだろうか？　波動 A を

[4] https://photonterrace.net/ja/photon/duality/

表す関数を考える．具体的には三角関数を用いて，

$$A(x,t) = A_0 \sin(kx - \omega t) \tag{4.16}$$

を考えよう．k, ω は，それぞれ波数，角振動数という波動を特徴付ける量であり，波長 λ，振動数 ν と

$$k = \frac{2\pi}{\lambda} \tag{4.17}$$

$$\omega = 2\pi\nu \tag{4.18}$$

という関係がある．ここにド・ブロイ波長 (4.14) による波長と運動量の関係と光量子仮説 (4.1) による振動数とエネルギーの関係を取り入れて

$$\varphi(x,t) = \varphi_0 \sin\left(\frac{2\pi p}{h}x - \frac{2\pi E}{h}t\right) \tag{4.19}$$

という関数を導入する．粒子としての性質である運動量 p とエネルギー E を使って，波動的な性質を持つ量 $\varphi(x,t)$ を表現したのである．プランク定数 h は，$\frac{h}{2\pi}$ という形で出てくることが多いので，$\hbar = \frac{h}{2\pi}$ を定義する．粒子の運動エネルギー E と運動量 p の関係は

$$E = \frac{1}{2}mv^2 = \frac{p^2}{2m} \tag{4.20}$$

である．シュレーディンガーはこの関係と，波の表記 (4.19) に現れる E, p を使って，$\varphi(x,t)$ が満たす方程式を提案した．

ステップアップ　シュレーディンガー方程式の導出

波動を一般的に表す方法として，複素関数による記述を導入する．

$$\varphi(x,t) = \varphi_0 e^{i\left(\frac{p}{\hbar}x - \frac{E}{\hbar}t\right)} \tag{4.21}$$

$\varphi(x,t)$ を x で偏微分すると，

$$\frac{\partial^2}{\partial x^2}\varphi(x,t) = -\frac{p^2}{\hbar^2}\varphi(x,t)$$

$$\therefore \quad p^2 = \frac{-\hbar^2}{\varphi(x,t)}\frac{\partial^2}{\partial x^2}\varphi(x,t) \tag{4.22}$$

同様に $\varphi(x,t)$ を t で偏微分すると，

$$\frac{\partial}{\partial t}\varphi(x,t) = -i\frac{E}{\hbar}\varphi(x,t)$$

$$\therefore \quad E = \frac{i\hbar}{\varphi(x,t)}\frac{\partial}{\partial t}\varphi(x,t) \tag{4.23}$$

これらの結果を，相互作用をしている粒子のエネルギーと運動量の関係[5]

$$E = \frac{p^2}{2m} + V \tag{4.24}$$

に代入すると $\varphi(x,t)$ に関する以下の方程式を得る．

$$\left(\frac{-\hbar^2}{2m}\frac{\partial^2}{\partial x^2} + V\right)\varphi(x,t) = i\hbar\frac{\partial}{\partial t}\varphi(x,t) \tag{4.25}$$

これがシュレーディンガーが1926年に提案した量子の波動性を求める方程式，**シュレーディンガー方程式**であり，関数 $\varphi(x,t)$ を**波動関数**という．

以上の計算は，粒子の運動量とエネルギーを**演算子**

$$p \Rightarrow \hat{p} \equiv -i\hbar\frac{\partial}{\partial x} \tag{4.26}$$

$$E \Rightarrow \hat{E} \equiv i\hbar\frac{\partial}{\partial t} \tag{4.27}$$

に置き換えたことに対応している．$\hat{p}$, $\hat{E}$ をそれぞれ，**運動量演算子**，**エネルギー演算子**という．古典的な粒子の運動の運動量とエネルギーが，量子論ではそれらに対応する**演算子**に置き換わる．位置 x も演算子に置き換えられていると考えるが，今の場合 $\hat{x} = x$ となっている[6]．位置と運動量に限らず，量子論では物理量をそれに対応した演算子に置きえる操作を行う．この手続きを**量子化**といい，量子力学導入の代表的な手順である．

演算子は，それらを波動関数に作用させる順番も重要である．

$$\hat{x}\hat{p}\varphi(x,t) = -i\hbar x\frac{\partial}{\partial x}\varphi(x,t) \tag{4.28}$$

$$\hat{p}\hat{x}\varphi(x,t) = -i\hbar\varphi(x,t) - i\hbar x\frac{\partial}{\partial x}\varphi(x,t) \tag{4.29}$$

したがって

$$\hat{x}\hat{p}\varphi(x,t) - \hat{p}\hat{x}\varphi(x,t) = i\hbar\varphi(x,t) \tag{4.30}$$

これを演算子だけの関係として，

$$[\hat{x},\hat{p}] \equiv \hat{x}\hat{p} - \hat{p}\hat{x} = i\hbar \tag{4.31}$$

---

[5] (1.143) の位置エネルギーを一般的に V と表記したものとなっている．

[6] 量子化による変数と演算子の対応は一通りではなく別の手法もあるが，本書では言及しない．

と表記し，演算子の**交換関係**という．量子力学を導入する手順として，演算子の形を決める代わりに，交換関係を使って演算子を定義する手法もある．また次節の不確定性関係もこれによって表すことができるなど，交換関係は量子力学において重要な役割を果たしているが，本書ではこれ以上立ち入らない．

4.3.2 波動関数の意味

シュレーディンガー方程式を解くことによって，波動関数を求めることはできる．ではこの波動関数は何を表しているだろうか．電子を用いた二重スリットの実験がそのヒントとなる．電子はスリットを通過後，干渉縞を作る．波動関数は，古典的な波に対応して，電子の波を表しているのだろうか？　つまり電子は点状の粒子としてではなく，雲のように広がった状態で存在するのだろうか．しかしこの描像では，二重スリット実験における一粒子の干渉を説明できない．ボルンは 1926 年に波動関数の絶対値の 2 乗，$|\varphi(x,t)|^2$ が電子が時刻 t に x で観測される確率を表す，という波動関数の確率解釈を与えた．図 4.6 (a) は波動関数の例である．波の干渉という波動特有の性質はこれによって表現することができる．一方，図 4.6 (a) に示す波動関数の絶対値の 2 乗は，粒子が x において観測される確率と考える．これによって，量子の波動的性質と粒子的性質の両方を表現することができるのである．この仮定が正しいかどうかは実験によってのみ確かめることができるが，現在にいたるまでこの解釈と矛盾する実験事実はない．

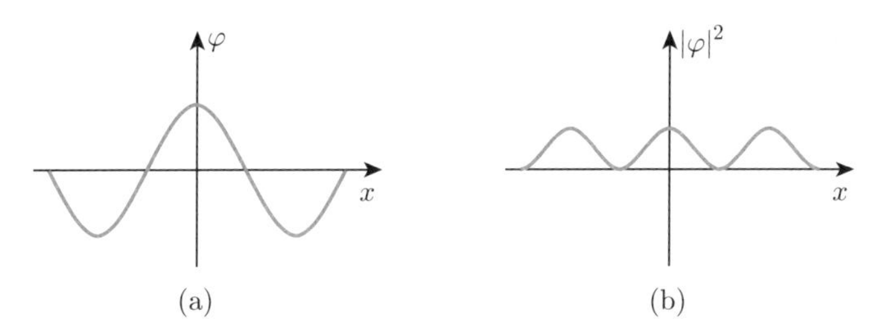

図 4.6　波動関数の例．(a) は波動を表しており，干渉を表すことができる．(b) はその絶対値の 2 乗，粒子が x に観測される確率を表す．

4.4 不確定性原理

量子力学がそれ以前の物理と大きく異なる点として，波動と考えられてきた電磁波（光）には粒子としての性質があり，粒子と考えられてきた電子などの物質には，ド・ブロイ波長に表される，波としての性質があることを見てきた．それらに関連して，**不確定性原理**という新たな原理が導入された．この考え方は量子論によって導入されたものであり，古典物理学との大きな違いである．

4.4.1 波動関数の重ね合わせ

図 4.6 の波動関数は，具体的には

$$\varphi(x) = \varphi_0 \cos(2x) \tag{4.32}$$

を示している．この関数の振幅は x 座標全般にわたって φ_0 である．すなわちこの関数で表される量子を観測した際に現れる場所は $-\infty < x < \infty$ に広がっている．図 4.7 には，いくつかの波長の波動関数を重ね合わせた場合を示している．具体的には

$$\varphi(x) = \varphi_0 \cos(2x) + \varphi_1 \cos(3x) + \varphi_2 \cos(4x) \tag{4.33}$$

である．このように，波長の異なる波を重ね合わせると，空間的に局在した波を作ることができる．逆に，空間的に局在した波は単一の波長の波で作ることはできず，必ず異なる波長の波が混じっていなければならない．ド・ブロイ波長の考え方 (4.14) によると，波長の異なる量子の重ね合わせは運動量の異なる

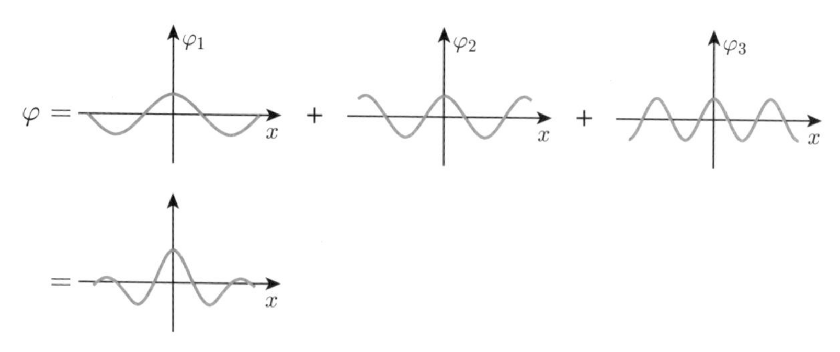

図 4.7 異なる波長の波の重ね合わせ

量子の重ね合わせと同義である．すなわち，空間的に局在して観測される量子は，運動量が一定の値を持つことができないことになる．これは，古典物理学とは異なる量子論の大きな特徴であり，次項で詳しく考察する．

4.4.2 不確定性関係

前項で議論したように，空間的に局在する波動で表される量子には運動量にも広がりがある．すなわち量子はそれを観測する場所だけでなく運動量にも広がりがあり，その値は確率的にしか求めることができないことを示唆している．実際，波動関数 $\varphi(x)$ の絶対値の 2 乗が量子を場所 x で観測する確率を表していることに対応して，運動量の波動関数 $\varphi_p(p)$ が存在し，その絶対値の 2 乗が運動量 p を観測する確率を表すのである．

具体的な例として，図 4.8 (a) のように，空間分布が幅 Δx の矩形の波動関数 φ で表される場合を考えよう．詳しい計算によると，対応する運動量の波動関数は

$$\varphi_p(p) \propto \frac{\sin\left(\frac{\Delta x}{\hbar}p\right)}{x} \tag{4.34}$$

となる[7]．図 4.8 は，空間分布，運動量分布それぞれの波動関数の 2 乗を示している．特筆すべきことは，運動量の広がり Δp と空間の広がり Δx は反比例の関係にあり，

$$\Delta x \Delta p \approx \hbar \tag{4.35}$$

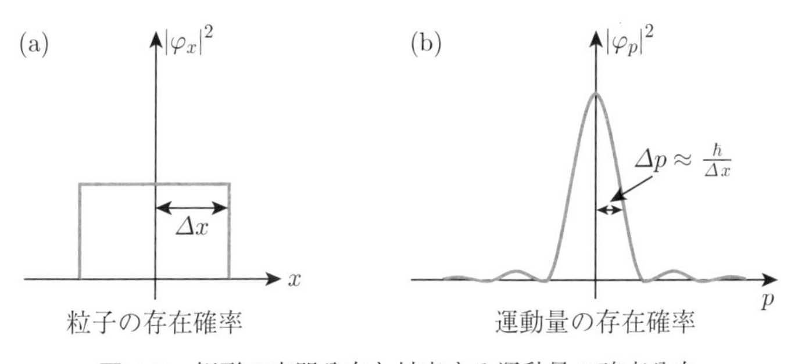

図 4.8 矩形の空間分布と対応する運動量の確率分布

[7] フーリエ変換という数学を使う．

となることである．空間の広がりと運動量の広がりの積がどのような値になるかは，波動関数の形によるが，これまでの議論から0にならないことは，分かるだろう．正確には

$$\Delta x \Delta p \geq \frac{\hbar}{2} \tag{4.36}$$

となることが知られている．これを，位置と運動量の**不確定性関係**という．また，位置も運動量も定まらない様子を表す言葉として状態という用語を用い，「ある量子は，波動関数 $\varphi(x,t)$ で表される状態（**量子状態**）にある」という表現をする．不確定性関係について，量子の位置と運動量の測定と関連付けてまとめると以下のようになる．

- ある量子状態にある量子の位置の測定を行うと，測定毎にバラバラの値が得られるが，測定を繰り返して得られた結果は，波動関数の絶対値の2乗が表す確率分布に従う．
- 同じ状態の量子について運動量の測定を行うと，位置の場合と同様に，測定毎にその運動量はばらつくが，その値は運動量の波動関数の2乗が表す確率分布に従う．
- 一つの量子状態に対して位置のばらつき Δx と，運動量のばらつき Δp には，$\Delta x \Delta p \geq \frac{\hbar}{2}$ という関係があり，位置と運動量を同時に定める（$\Delta x = \Delta p = 0$ となる）ことはできない．

一般に量子論では2つの物理量の測定値のばらつきを同時に0にすることができず両者の間に不確定性関係が存在することがある．これを**不確定性原理**という．不確定性原理は量子論の大きな特徴であり，その意味を理解することは非常に重要である．

4.4.3 ハイゼンベルクの思考実験と不確定性関係

前項では，量子状態とそれによって生じる不確定性関係について議論した．一方**ハイゼンベルク**は，図4.9のような思考実験で位置と運動量の測定精度の関係を考察した．電子に光をあててその水平方向の位置 x を測定する．電子に波長 λ の光をあて，その光が電子にあたって散乱したとき，散乱が起こった場所を，レンズを使って観測する．電子と半径 D のレンズまでの距離を L とす

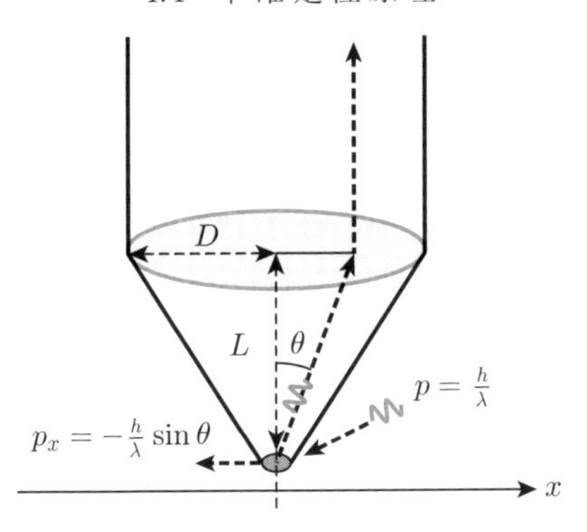

図 4.9 ハイゼンベルクの不確定性関係に関する思考実験

る．光が図の中心軸から角度θで散乱されたとき，散乱光がレンズの中に入れば，その光を観測できる．光がレンズに入る条件は，$D \ll L$として，$\tan\theta \approx \theta < \frac{D}{L}$．散乱された光の$x$方向の運動量は，$p_x = p\sin\theta \approx \frac{h}{\lambda}\theta$となるが，光がレンズのどこに入ったかは分からないので，p_xには不定性Δp_xがある．その大きさはθの最大値$\frac{D}{L}$で決まり，$\Delta p_x = \frac{h}{\lambda}\frac{D}{L}$である．したがって，運動量保存則から，電子の$x$方向の運動量も同じ不定性がある．一方，光の回折の考察から，波長λの光とレンズを使って物体を見た場合，その像は$\Delta x = \frac{L\lambda}{D}$程度に広がって見えることが，波動光学から知られている．これが，レンズで測定した電子の位置の精度である．その結果，ΔxとΔp_xには逆相関があり，

$$\Delta x \Delta p_x = \frac{L\lambda}{D}\frac{hD}{L\lambda} = h \tag{4.37}$$

となる．

量子論で記述されるような微小な領域では，位置と運動量を同時に無限の精度で測定することはできず，一般に

$$\Delta x \Delta p_x \geq \frac{\hbar}{2} \tag{4.38}$$

という関係があることが知られている．

この関係は，前項で議論した量子状態の性質による不確定性関係と同じ形をしているが，その意味は異なる．前項の不確定性関係は量子状態が持つ性質のみに起因ししており，測定影響とは関係がない．一方，ここで考察したハイゼンベルクの思考実験による不確定性関係は，測定という操作による（位置の）不

確定性とそれが測定対象に及ぼす影響（測定の反作用ということが多い）によるものである．両者は異なるものであることを理解することは極めて重要である．

4.4.4 色々な不確定性関係

前項まで，位置と運動量について，量子状態の性質に起因する不確定性関係と測定とその反作用に起因する不確定性関係について議論した．最近の量子論においては不確定性関係といっても色々なものが議論されている．その厳密な議論には，かなり進んだ量子論の勉学が必要となるため，ここではその一部の概要にふれるだけにとどめるが，一言で不確定性関係と言っても，色々なものがあることを知ってもらいたい[8]．

● 量子状態に起因する不確定性関係　4.4.2 項で述べた位置と運動量に関する不確定性関係以外にも，量子状態に起因する不確定性関係がある物理量の組み合わせが存在する．一般に量子力学では，物理量をそれに対応する演算子に置き換える．位置と運度量の場合は，$x \to \hat{x} = x$, $p \to \hat{p} = -i\hbar\frac{\partial}{\partial x}$ という置き換えを行った．量子状態に起因する不確定性関係は，対応する演算子の交換関係 (4.31) を使って表されることが知られている．物理量 A, B に対してそれらに対応する演算子を $\hat{A}$, $\hat{B}$，その不定性を $\sigma(A)$, $\sigma(B)$ とすると，

$$\sigma(A)\sigma(B) \geq \frac{1}{2}\left|\left\langle[\hat{A}, \hat{B}]\right\rangle\right| \tag{4.39}$$

となる．$\left\langle[\hat{A}, \hat{B}]\right\rangle$ は，$[\hat{A}, \hat{B}]$ の量子状態における平均値を表している．これを**ケナード－ロバートソンの不等式**といい，量子状態に起因する不確定性関係の一般的な表現である．

● 時間とエネルギーの不確定性関係　ある状態のエネルギー E と，その状態が存在する時間 t の間には不確定性関係

$$\Delta t \Delta E \geq \frac{\hbar}{2} \tag{4.40}$$

がある．ここで，Δt をある状態が存在する時間，すなわち寿命と考えると，状態の寿命とエネルギーの不確定性の関係と考えることができる．例えば，ある

---

[8] 本項で解説する内容は，文献 [12] に詳しい．

時間 $\varDelta t$ で崩壊する放射性同位元素があったすると，崩壊する前の元素の状態のエネルギーは完全に定まっておらず，

$$\varDelta E \geq \frac{\hbar}{2\varDelta t} \tag{4.41}$$

程度の不確定性が存在することを意味している．

測定に起因する不確定性関係 物理量を得るためには，測定という操作を行わなければならない．そこには測定される対象（被測定系）と測定を行う操作（測定系）が存在する．量子状態に起因する不確定性関係 (4.39) は被測定系の状態を反映したものであった．量子力学では測定自体も，測定系と非測定系の量子的な相互作用として取り扱う必要がある．我々が得ることができるのは測定系の表す量であり，それは被測定系の物理量と常に一致するとは限らない[9]．これついては，アーザー，グッドマンらによって議論されている．例えば，位置と運動量の測定において，測定で得た位置 X と真の位置 x との違いを $\varDelta X$，同様に運動量の違いを $\varDelta P$ とすると

$$\varDelta X \varDelta P \geq \frac{\hbar}{2} \tag{4.42}$$

となる[10]．この場合も，表式は量子状態や測定とその反作用による不確定性関係と同じだが，その意味は異なることに留意してほしい．

小澤の不等式 不確定性関係には複数の種類があり，実際の測定においてはそれらの影響が混じり合っている．小澤は，測定の影響と反作用の不確定性を ϵ, η，被測定系の量子の状態に起因する不確定性関係 (4.39) によるものを σ_{x}, σ_{p} としたとき，これらを統合した不確定性関係として，**小澤の不等式**と呼ばれる以下の関係を提唱した[11]．

$$\epsilon\eta + \epsilon\sigma_{\mathrm{p}} + \eta\sigma_{\mathrm{x}} \geq \frac{h}{4\pi} \tag{4.43}$$

---

[9] 量子力学でなくても，測定を行ったときに得る量はその測定器の示す量であり，それは測定したい真の量とは必ずしも一致しない．

[10] もちろん「測定で得た量 X と真の量 x との違い」を明確にしなければならない．本項の最初にあげた参考文献に詳しいが，かなり専門的な議論となる．

[11] Masanao Ozawa, Physical Review A67, 4 (2003). ϵ, η は (4.38) の $\varDelta x$, $\varDelta p$ に対応した量だが，同一の定義ではないため異なる記号を用いた．

ハイゼンベルクの不確定性関係はこの式の第1項目に対応する．この式の妥当性の検証は，量子力学の最先端トピックとして現在も研究が続けられている．

4.5 量子力学のまとめ

この節では，量子力学の基本的な考え方について初歩的な解説を行った．20世紀の初頭にミクロの世界を記述する手法として始まった量子力学は，これまでの決定論的な考え方に基づいた物理学の記述方法に大きな変革をもたらした．この章を終わるにあたって量子力学の現状について3つの重要な観点を述べる．

第1は，現代物理学の基礎を担っている点である．量子力学は同じく20世紀初頭に発見された特殊相対性理論とあいまって，自然現象を記述する手法の根幹をなしている．3章で論じた電磁気学は相対性理論，量子力学と合わさって，**量子電磁力学**として確立し，電磁現象を精密に記述する．また，電磁現象だけでなく，現代物理学は量子力学をもとにした記述で成り立っている．その意味で量子力学は自然現象を記述する基本言語の一角をなしているということができる[12]．第2は，量子力学が応用の段階に入っているということである．もちろん，前述の量子電磁力学も量子力学の応用といえるが，ここでは量子力学的現象を直接応用するという意味である．最近は量子力学の原理に基づいた絶対に破ることのできない暗号，**量子暗号**が実用の段階に迫りつつある．また量子力学の原理を用いると，ある種の問題を画期的に高速に計算できる**量子コンピュータ**が構成できるといわれている．実現にはまだ時間がかかるかもしれないが，学術研究の分野だけでなく企業レベルでも精力的な研究開発が行われている．

第3は，量子力学そのものが学術的意味で研究対象であり続けているということである．「量子力学の予言するところは完全には分かっていない」ともいわれる．4.4.4項で紹介した不確定性関係はその代表的なものであり，量子力学の意味するところについての理論，実験両面からの研究が続いている．

---

[12] 唯一，重力の法則だけが量子力学との融合を成し得ていない．これは現代物理学に残された大きな課題として，多くの研究者がとり組んでいる．

このように約 100 年前に生まれた量子力学は応用，基礎研究の両面について現代科学の大きなトピックであり続けているのである．

演習問題

演習 1　波長が $1\,\mu$m の光子のエネルギーを電子ボルト単位（eV）で求めよ．

演習 2　ボルツマン定数 k_{B} を用いると，温度とエネルギーを対応付けることができる．エネルギー 1 eV に相当する温度（K）を求めよ．

演習 3　水素原子の基底状態 (4.12) について以下の考察をせよ．

(1)　電子の運動量とド・ブロイ波長を求めよ．

(2)　電子の運動量はその大きさ程度の不確定性を持っていると考え，電子の位置の不確定性を求めよ．

(3)　電子が原子核に落ち込まない理由を不確定性関係の観点から考察せよ．

演習 4　以下の条件でド・ブロイ波長を求めよ．

(1)　質量 100 g のボールが 100 m/s で動いているとき．

(2)　運動エネルギーが 10 keV の電子．1 eV は約 1.602×10^{-19} J である．

演習 5　$\Delta x \Delta p = \frac{\hbar}{2}$ が成り立つ状態を**最小不確定状態**という．この状態において $\Delta x = 10^{-10}$ m のとき，運動量の不確定性 Δp を求めよ．

演習 6　量子力学では不確定性原理により位置と運動量を同時に確定することはできない．しかし我々が日常の生活において位置と運動量の不確定性を問題にすることはない．その理由について考察せよ．

付録A

新しいSI単位

本書では，自然現象を記述する手法とし，力学，熱力学，電磁気学，量子力学を解説した．物理法則は自然現象の記述方法を与えるが，人間がどのような単位を用いているかを与えることはない．長さの単位メートル [m] がどの位の長さなのか，質量の単位 [kg] がどのくらいの質量なのか．これらは人間が独自に定義しなければならない．すなわち，単位を定める必要がある．単位の定め方について決まった法則は無いため，古来よりそれぞれの国や地域で独自の単位が使われていた．例えば，日本では長さの単位として尺，質量の単位として貫を用いた尺貫法が使われていた．また欧米では，英米でいまでも使われている長さの単位ヤードやマイル，質量についてのポンドなど，様々な単位が使われてきた．科学が発展し，世界規模の交流が盛んになると，このような地域毎に別々の単位を用いることは不便なだけでなくトラブルや間違いの元にもなる．そこで世界共通の単位を制定するため，1885年に長さと質量の単位にメートルとキログラムを用いるメートル法を用いるというメートル条約が締結された．メートル法は長さと質量の単位のみを制定していたが，現在ではそれを拡張した**国際単位系（SI）**[1] が定められ，国際度量衡総会がこれを管理している．国際単位系（SI）は，長さ，質量，時間，電流，温度，物質量，光度の7つの**基本単位**（SI基本単位）を定めている．この単位系の改定が2018年11月16日の第26回国際度量衡総会で承認され，2019年5月20日に施行された．以下では，改定前の単位系を旧単位系，またそれに基づいた単位を旧SI（基本）単位，改定後の単位系とそれに基づいた単位を新単位系，新SI（基本）単位と呼ぶ．

A.1 旧 SI 単位

旧単位系における基本単位の定義を表A.1にまとめている．

2018年の改訂では，これまで質量の単位の基準として用いられていた，キログラム原器が廃止されるなど，大きな変更があった．次節で述べる新SI単位と比較して，

---

[1] SIはフランス語のSystème International d’unitésの略．

表 A.1 旧 SI 基本単位の定義

量	基本単位	定義
長さ	メートル（m）	1/299,792,458 秒に光が真空中を伝わる長さ.
質量	キログラム（kg）	国際キログラム原器の質量.
時間	秒（s）	^{133}Cs の基底状態の超微細構造準位の間の遷移に対応する放射の周期の 9,192,631,770 倍の時間.
電流	アンペア（A）	真空中に 1 m の間隔で平行に配置された無限に小さい円形断面積を有する無限に長い 2 本の直線導体に流したとき，その間にはたらく力が 2×10^{-7} N になる電流.
熱力学温度	ケルビン（K）	水の 3 重点の熱力学温度の 1/273.16.
物質量	モル（mol）	0.012 kg の ^{12}C に存在する原子の数に等しい数の要素粒子を含む系の物質量.
光度	カンデラ（cd）	周波数 540×10^{12} Hz の単色放射からの放射強度が 1/683 W sr^{-1} である光源のその方向の光度.

文献 [13] より筆者作成

旧 SI 単位の特徴を簡単にまとめると以下のようになる.

- 長さ，時間，光度は新旧単位系で変わらない.
- 質量
  - 国際**キログラム原器**という，白金 90 %，イリジウム 10 % からなる合金の質量として定義されている.
  - パリの国際度量衡局に原器があり各国にコピーが配られた. 日本では産業技術総合研究所にコピーが保管されている.
- 電流
  - 導体に流れる電流間にはたらく力によって定義されている.
  - 長さ，時間，質量の定義に依存している.
- 熱力学的温度
  - 熱力学的温度ケルビン（K）は，水の 3 重点の熱力学的温度の $\frac{1}{273.16}$ として定められている. 摂氏との関係は °C = K − 273.15（水の 3 重点は 0.01 °C）.
  - 水という特定の物質によって定義されている.
- 物質量
  - モルは 12 g の ^{12}C の原子の数に等しい要素粒子数を含む物質量.

新 SI 単位

新SI単位の定義を表A.2にまとめている．

旧単位系から新単位系への改定の特徴は，基本単位の定義に物理定数を用いたことである．旧単位系では，質量，電流，温度，物質量を定義する際に，キログラム原器（金属），電流にはたらく力，水，炭素原子を用いていたのに対し，新単位系では，プランク定数，電気素量，ボルツマン定数，アボガドロ数による定義となった．特にエネルギーと質量の等価性（$E = mc^2$）という，特殊相対性理論の帰結を用いて，エネルギーによって質量を定義した．そのために旧単位系には無かったプランク定数を新たに導入し，エネルギーと質量を関連付けている．

表A.2 新しいSI基本単位の定義（2019年5月20日施行）

量	基本単位	定義
時間	秒（s）	^{133}Cs の基底状態の超微細構造遷移周波数を 9,192,631,770 Hz（s^{-1} に等しい）と定めることによって定義する．
長さ	メートル（m）	真空中の光の速さを 299,792,458 $m\,s^{-1}$ と定めることによって定義する．
質量	キログラム（kg）	プランク定数の値を $6.62607015 \times 10^{-34}$ J・s と定めることによって定義する．
電流	アンペア（A）	電気素量 e の値を $1.602176634 \times 10^{-19}$ C（A s に等しい）と定めることによって定義する．
熱力学温度	ケルビン（K）	ボルツマン定数 k_B の値を $1.3806490 \times 10^{-23}$ $J\,K^{-1}$（$kg\,m^2\,s^{-2}\,K^{-1}$ に等しい）と定めることによって定義する．
物質量	モル（mol）	1モルは $6.02214076 \times 10^{23}$ の要素粒子を含む．この数は**アボガドロ数** N_A を mol^{-1} で表したときの数値である．
光度	カンデラ（cd）	周波数 540×10^{12} Hz の単色放射の視感効果度 K_{cd} を $lm\,W^{-1}$（$cd\,sr\,W^{-1}$ あるいは $cd\,sr\,kg^{-1}\,m^{-2}\,s^{-3}$ に等しい）で表したときに，その値を683と定めることによって定義する．

文献[14]より筆者作成

新SI単位では，質量，電流，熱力学的温度，物質量の4つが大きく変わっている．長さ，時間は表現の仕方は変わったが，定義は変わっていない．

A.2.1 質　　量

キログラム原器を廃し，物理量による定義に変わった．量子力学により，光の周波数 ν とエネルギー E がプランク定数 h を用いて $E = h\nu$ と関連づけられた．また特殊相対性理論から，エネルギーと質量が等価である（$E = mc^2$）ことが導かれた．これらから

$$m = \frac{h\nu}{c^2} \tag{A.1}$$

となる．プランク定数を $6.62607015 \times 10^{-34}$ J·s と定義することによって kg とエネルギーの関係を定めた．

A.2.2 電　　流

電流間にはたらく力による定義から，電荷による定義に変わった．新単位系では，電気素量を定義値 $e = 1.602176634 \times 10^{-19}$ C として定め，1 A = 1 C/s とした．

A.2.3 熱力学的温度

水の 3 重点を用いた定義から，ボルツマン定数によるエネルギーと関連付けた定義に変わった．ボルツマン定数を定義値 $1.3806490 \times 10^{-23}$ J/K とする．つまり，1 K の温度は $1.3806490 \times 10^{-23}$ J のエネルギーに相当する．

A.2.4 物 質 量

新単位系ではアボガドロ数を定義値 $6.02214076 \times 10^{23}$ とした．これによって，旧定義では定義値であった ^{12}C のモルあたりの原子の数は概算値となる．

補足 1：気体定数（R）

ボルツマン定数とアボガドロ数が定義値となったので，その積である気体定数 R も定義値となる．$R = 8.31446261815324$ J/K/mol である．

補足 2：ステラジアン（sr）

光度の定義に使われる sr はステラジアンといい，3 次元における角度（立体角）を表す．図 A.1 (a) は 2 次元における角度 θ を表している．半径 r の円の円弧の長さ ℓ は，$\ell = r\theta$ なので，全周の角度は 2π となる．図 A.1 (b) は，立体角を表している．半

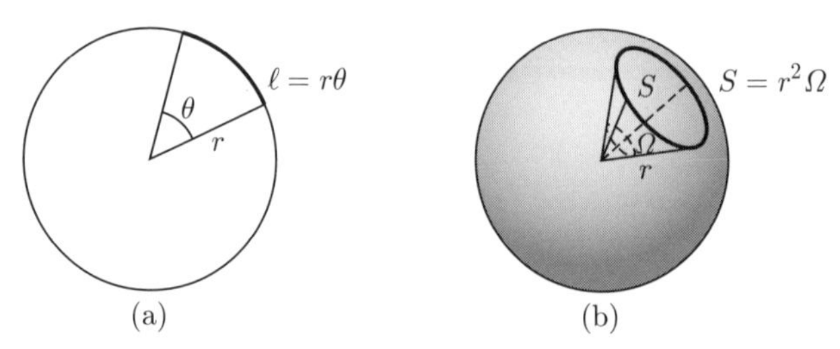

図 A.1 立体角 sr の概念．S が覆う領域を半径 1 の球面上の面積として表す．

径 r の球面において，立体角 Ω に対応する面積 S は $S = r^2\Omega$ となる．したがって球面全体を覆う立体角は 4π である．

付録B

数 学 公 式

B.1 三角関数の極限

図 B.1 にあるように，中心 O を持つ半径 ℓ の円の一部を取り出し，扇型 OAB を考える．扇型の中心角を x ラジアンとすると，扇型の面積は $\frac{x}{2\pi}\pi\ell^2 = \frac{x}{2}\ell^2$ である．一方，三角形 OAB と三角形 OAC の面積は，それぞれ $\frac{1}{2}\sin x \cdot \ell^2$, $\frac{1}{2}\tan x \cdot \ell^2$ である．明らかに，三角形 OAB の面積 < 扇型 OAB の面積 < 三角形 OAC の面積，なので

$$\frac{1}{2}\sin x \cdot \ell^2 < \frac{x}{2}\ell^2 < \frac{1}{2}\tan x \cdot \ell^2 \tag{B.1}$$

となる．ここで全体を $\frac{1}{2}\sin x \cdot \ell^2$ で割ると

$$1 < \frac{x}{\sin x} < \frac{1}{\cos x} \tag{B.2}$$

となるので，さらに全体の逆数をとると

$$1 > \frac{\sin x}{x} > \cos x \tag{B.3}$$

となる．$\lim_{x\to 0}\cos x = 1$ なので，$\frac{\sin x}{x}$ の $x \to 0$ の極限は

$$\lim_{x\to 0}\frac{\sin x}{x} = 1 \tag{B.4}$$

で与えられる．

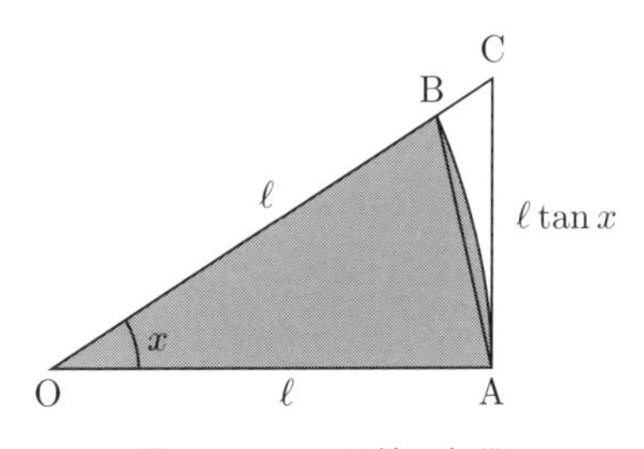

図 B.1　sin 関数の極限

次に，$\frac{\cos x-1}{x}$ の $x \to 0$ での極限を考える．$(\cos x - 1)(\cos x + 1) = -\sin^2 x$ なので

$$\frac{\cos x - 1}{x} = \frac{\cos x - 1}{x}\frac{\cos x + 1}{\cos x + 1} = -\frac{\sin x}{x}\frac{\sin x}{\cos x + 1} \tag{B.5}$$

であるが，$\lim_{x\to 0}\sin x = 0$ なので，$\frac{\cos x-1}{x}$ の $x \to 0$ の極限は

$$\lim_{x\to 0}\frac{\cos x - 1}{x} = \lim_{x\to 0}\left(-\frac{\sin x}{x}\frac{\sin x}{\cos x + 1}\right) = -1\frac{0}{1+1} = 0 \tag{B.6}$$

となる．なお，x を 0 にする仕方には任意性があり，任意の正の定数 a に対して

$$\lim_{x\to 0}\frac{\sin(ax)}{ax} = 1, \quad \lim_{x\to 0}\frac{\cos(ax) - 1}{ax} = 0 \tag{B.7}$$

である．

付録 C

ベクトル場の積分

C.1 ガウスの法則と面積分

ガウスの法則

$$\int \boldsymbol{E}(r) \cdot \boldsymbol{n}\, dS = \frac{1}{\epsilon_0} \int q(\boldsymbol{r}')\, dv \tag{C.1}$$

の意味を考えよう．図 C.1 (a) は空間中のある領域（立体）を表している．その領域を囲む表面の微小面積 dS から出て行く電場の量を考える．図 C.1 (b) はその考え方を示している．dS から出て行く電場 $\boldsymbol{E}$ は，同図の実線で描いた円柱の体積に相当するが，それは底面積が dS，高さが $\boldsymbol{E} \cdot \boldsymbol{n}$ の円柱の体積 $\boldsymbol{E} \cdot \boldsymbol{n}\, dS$ と等しい．ここで $\boldsymbol{n}$ は面 dS に垂直な方向の単位ベクトルである[1]．(C.1) の左辺の $\boldsymbol{E}(r)$ は考えている領域の表面上の点 $\boldsymbol{r}$ の電場であり，左辺全体でその領域から出て行く電場の総量を計算することを意味する．

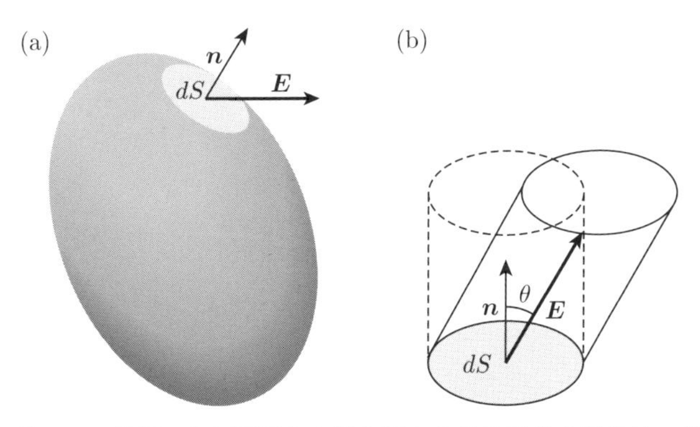

図 C.1　ガウスの法則．(a) 空間中の閉曲面から出る電場の総量は，領域内に含まれる電荷の総量を ϵ_0 で割ったものに等しい．(b) 閉曲面の微小な領域 dS からでる電場の量は，その領域に垂直な方向の成分となる．

---

[1] ベクトルの内積 $\boldsymbol{E} \cdot \boldsymbol{n}$ は 1.4.4 項を参照のこと．

一方，右辺の $q(\boldsymbol{r}')$ は，領域内部の点 $\boldsymbol{r}'$ の電荷密度を意味している．したがって，$q(\boldsymbol{r}')\,dv$ は，領域内の微小体積 dv 内の電荷量であり，右辺全体では，その領域内に含まれる電荷の総量を計算している．

C.2 ベクトルの線積分

一般に

$$\phi(\boldsymbol{r}) = -\int_{\boldsymbol{r}_0}^{\boldsymbol{r}} \boldsymbol{E}(\boldsymbol{r}') \cdot d\boldsymbol{r}' \tag{C.2}$$

の形の積分は**線積分**と呼ばれる．ベクトル場をある経路にそって積分する（足し合わせる）操作である．図 C.2 において，$\boldsymbol{r}_0$ から $\boldsymbol{r}$ にいたる曲線は線積分の経路を示している．$\boldsymbol{E}(\boldsymbol{r}')$ は経路上の点 $\boldsymbol{r}'$ の電場，$d\boldsymbol{r}'$ は積分経路の点 $\boldsymbol{r}'$ における接線方向の微小長さを表す．すなわち，

$$\boldsymbol{E}(\boldsymbol{r}') \cdot d\boldsymbol{r}' \tag{C.3}$$

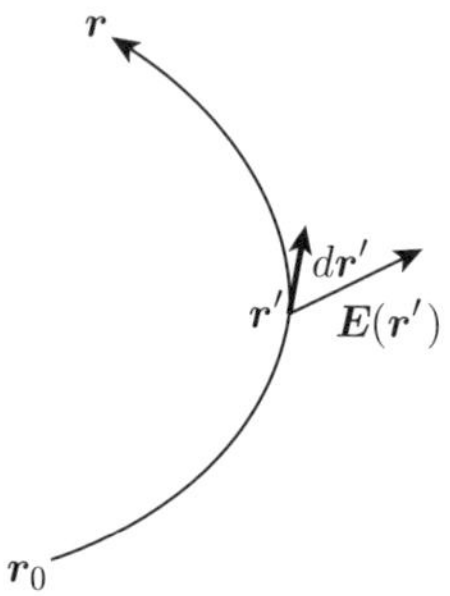

図 C.2　線積分の意味

は電場の積分経路方向への成分と $d\boldsymbol{r}'$ の積となる．したがって，(C.2) の右辺は電場ベクトルの $\boldsymbol{r}_0$ から $\boldsymbol{r}$ までの積分経路方向成分の総和（に -1 を掛けたもの）を意味している．一般に線積分は始点 $\boldsymbol{r}_0$ と終点 $\boldsymbol{r}$ だけでなく，積分経路にも依存するが，3.1.4 項の ステップアップ に述べたように静電場の線積分は始点と終点のみで決まる．静電ポテンシャルはその性質を用いて定義される量である．

参　考　文　献

[1] 力学〔三訂版〕，原島 鮮，裳華房 1985

[2] よくわかる初等力学，前野 昌弘，東京図書 2013

[3] 力学（物理入門コース 新装版），戸田 盛和，岩波書店 2017

[4] よくわかる熱力学，前野 昌弘，東京図書 2020

[5] 電磁気学 I, II（物理入門コース 新装版）長岡 洋介，岩波書店 2017

[6] よくわかる電磁気学，前野 昌弘，東京図書 2010

[7] 電磁気学，兵藤 俊夫，裳華房 1999

[8] 理論電磁気学，砂川 重信，紀伊國屋書店 1999

[9] 電磁力学，牟田泰三，岩波書店，1992

[10] 初等量子力学（改訂版），原島 鮮，裳華房 1986

[11] 量子力学―現代的アプローチ―，牟田泰三，山本一博，裳華房 2017

[12] 谷村省吾，多様化する不確定性，https://nagoya.repo.nii.ac.jp/record/28505/files/tanimura-uncertainty-revised.pdf，2016

[13] 国際単位系（SI）国際文書第 8 版（2006）日本語版，産業技術総合研究所　計量標準総合センター

[14] 国際単位系（SI）国際文書第 9 版（2019）日本語版，産業技術総合研究所　計量標準総合センター

[15] 新しい 1 キログラムの測り方，臼田孝，講談社 2018

索　引

● さ 行

● ら　行

● わ　行

● 欧　字

著者略歴

大川正典（おおかわ まさのり）

1981年　東京大学大学院理学系研究科物理学専攻博士課程修了（理学博士）
　　　　日本学術振興会奨励研究員，ブルックヘブン国立研究所博士研究員，
　　　　ニューヨーク州立大学ストーニーブルック校博士研究員を経て
1984年　高エネルギー物理学研究所（現 高エネルギー加速器研究機構）助手
1989年　同 助教授
2002年　広島大学大学院理学研究科教授
1994年　仁科記念賞受賞
現　在　広島大学名誉教授
　専門　素粒子理論

主要著書

「格子場の理論入門」（共著，SGC ライブラリ-140，サイエンス社，2018）

高橋　徹（たかはし とおる）

1989年　名古屋大学大学院理学研究科博士課程修了（理学博士）
現　在　広島大学大学院先進理工系科学研究科准教授
　専門　高エネルギー物理学

主要著書

「ビックバンをつくりだせ—新型加速器リニアコライダーが宇宙創成の瞬間に迫る—」（共著，プレアデス出版，2007）
「Linear Collider Physics In The New Millennium (Chapter 9 Gamma-Gamma and Other Options)」
（分担執筆，World Scientific，2006）

ライブラリ 新物理学基礎テキスト＝ **S1**

ベーシック 物理学

2021 年 7 月 25 日© 初 版 発 行

著 者 大 川 正 典 発行者 森 平 敏 孝
高 橋 徹 印刷者 大 道 成 則

発行所 **株式会社 サ イ エ ン ス 社**

〒151-0051 東京都渋谷区千駄ヶ谷 1 丁目 3 番 25 号
営業 ☎ (03)5474–8500（代） 振替 00170–7–2387
編集 ☎ (03)5474–8600（代）
FAX ☎ (03)5474–8900

印刷・製本 (株)太洋社

《検印省略》

ISBN978–4–7819–1516–6

PRINTED IN JAPAN

サイエンス社のホームページのご案内
https://www.saiensu.co.jp
ご意見・ご要望は
rikei@saiensu.co.jp まで．